UG NX 8.0 实用教程

主　编：杨德辉
副主编：梁军华　廖　波　李小强　陶　华　马宏杰
主　审：赵松涛

北京理工大学出版社
BEIJING INSTITUTE OF TECHNOLOGY PRESS

内 容 简 介

本书以 UG NX8.0 简体中文版为基础,系统地介绍了软件的基本操作及进行实体建模、曲面建模的常用方法和基本操作,在此基础上介绍了软件的装配功能和工程图功能,最终落脚于零件的数控铣削程序编制。全书以装备制造类高职人才培养方案为指导,使学生在掌握软件功能的同时,更注重培养灵活快捷地应用软件进行工程制图的能力,更好地为工程技术工作服务。

本书可作为高等职业学校 CAD/CAM 课程的教材,也可作为各类机械制图培训班的教材,亦可供企业工程技术人员参考。

版权专有　侵权必究

图书在版编目（CIP）数据

UG NX 8.0 实用教程/杨德辉主编. ——北京：北京理工大学出版社，2021.8 重印

ISBN 978-7-5682-2086-6

Ⅰ.①U… Ⅱ.①杨… Ⅲ.①计算机辅助设计-应用软件-高等学校-教材 Ⅳ.①TP391.72

中国版本图书馆 CIP 数据核字（2016）第 197362 号

出版发行 / 北京理工大学出版社有限责任公司
社　　址 / 北京市海淀区中关村南大街 5 号
邮　　编 / 100081
电　　话 / （010）68914775（总编室）
　　　　　（010）82562903（教材售后服务热线）
　　　　　（010）68948351（其他图书服务热线）
网　　址 / http：//www.bitpress.com.cn
经　　销 / 全国各地新华书店
印　　刷 / 唐山富达印务有限公司
开　　本 / 787 毫米×1092 毫米　1/16
印　　张 / 19.25　　　　　　　　　　　责任编辑 / 张旭莉
字　　数 / 452 千字　　　　　　　　　　文案编辑 / 张旭莉
版　　次 / 2021 年 8 月第 1 版第 7 次印刷　责任校对 / 周瑞红
定　　价 / 48.00 元　　　　　　　　　　 责任印制 / 马振武

图书出现印装质量问题,请拨打售后服务热线,本社负责调换

前言

UG NX（Siemens NX）软件作为知名的计算机辅助设计与制造软件，在中国拥有众多的用户，该软件广泛应用在机械、航空航天等众多领域，是 CAD/CAM 软件中功能最强的、技术最成熟的软件之一，作为装备制造业的从业者，掌握该软件的应用是必备的技能之一。本书以装备制造业高职人才培养"1221 模式"作为理论基础，全面落实"1221 模式"的要求，既有理论讲解，更注重实际应用；既介绍基本功能，更注重引导学生进行自我提高，着重培养学生的自主学习能力。

全书内容丰富，系统性强，书中所用案例均与生产实践密切相关。本书由学校教师和企业高级工程师编写，作者或多年从事机械类专业课程及 CAD/CAM 软件的教学工作，或常年在企业从事 CAD/CAM 软件的应用工作，具有丰富的教学和应用经验，因而本书更好地做到了理论与实践相结合，软件应用与工程设计相结合，真正体现了"1221 模式"中的第一个"2"：基础知识和实践技能"两条主线"的系统培养。

根据软件学习的特点，全书采用项目式教学，除学习单元一以外，其他学习单元均采用任务引入→任务分析→相关知识→任务实施→学习小结→企业专家点评→思考与练习的学习模式，使读者学得更轻松、掌握得更加牢固。

本书以 UG NX8.0 简体中文版为基础，以实例为线索，由浅入深，循序渐进，合理安排内容。全书章节内容如下：

学习单元一为课程认识。介绍本课程的性质和作用，学习本课程的方法以及本课程与其他课程的衔接，最后介绍了常用的 CAD/CAM 软件以及 UG NX8.0 的基本操作。

学习单元二为曲线的绘制。介绍 UG 软件的曲线功能，包括直线、圆弧等简单曲线的绘制，精确绘图工具的使用，移动、缩放、旋转、偏移、镜像、剪切和延伸等常用的编辑操作。

学习单元三为草图的绘制。介绍草图的创建和编辑，包括直线、圆弧、圆等的草图绘制，几何约束与尺寸约束的添加和修改。

学习单元四为实体模型的创建。介绍 UG NX8.0 实体建模的基本操作，包括基本实体、拉伸、旋转、扫掠以及圆角、倒角等修改编辑操作，还介绍了孔、槽、螺纹等实体特征的创建方法。

学习单元五为装配建模。介绍了 UG NX8.0 装配建模的基本概念和基本操作，包括装配建模的一般方法和操作方法，组件的添加、装配等。

学习单元六为工程图。介绍了 UG NX8.0 的工程图创建及编辑，包括工程图基本设置、视图的生成与编辑、尺寸及其他技术要求的标注。

学习单元七为曲面特征。介绍创建曲面的常用方法，包括直纹面、通过曲线网格、扫掠等常用的曲面创建方法及曲面修改方法。

学习单元八为平面零件铣削加工，介绍了 UG NX8.0 平面零件加工编程的基本操作，包括加工环境的设置、编制数控加工程序的一般步骤、平面零件铣削加工的操作方法等。

学习单元九为固定轴曲面零件铣削加工，介绍曲面零件的加工编程的基本操作，包括加工的一般步骤和基本的操作方法。

全书由四川工程职业技术学院杨德辉担任主编，负责全书的统稿，并编写了学习单元一、学习单元四；梁军华编写了学习单元二和学习单元三；廖波编写了学习单元七；李小强编写了学习单元九；陶华编写了学习单元五和学习单元六；青岛港湾职业技术学院马宏杰编写了学习单元八。全书由四川工程职业技术学院的赵松涛负责审稿。第二重型集团公司设计研究院张顺宁高级工程师参与了全书的编写工作，并提供了大量的素材。

由于时间仓促，编者水平有限，书中难免存在疏漏和不足，恳请同行和读者给予批评指正。

目录
CONTENTS

学习单元一　课程认识 ··· 001
　任务 ·· 001
1.1　课程的性质和作用 ·· 001
1.2　课程的主要内容 ·· 002
1.3　课程的学习方法 ·· 002
1.4　常用CAD/CAM软件简介 ··· 002
　　1.4.1　Pro/Engineer（Creo） ··· 002
　　1.4.2　CATIA ·· 002
　　1.4.3　MasterCAM ··· 003
　　1.4.4　SolidWorks ·· 003
　　1.4.5　Cimatron ··· 003
　　1.4.6　CAXA制造工程师 ·· 003
1.5　UGNX8.0基本操作 ·· 003
　　1.5.1　软件的启动及初始界面 ··· 003
　　1.5.2　创建新文件 ··· 004
　　1.5.3　UGNX8.0的主界面 ··· 004
　　1.5.4　保存文件 ·· 006
　　1.5.5　打开文件 ·· 006
　　1.5.6　关闭文件 ·· 006
　　1.5.7　定制工具条 ··· 006
　　1.5.8　视图操作 ·· 008

学习单元二　曲线的绘制 ··· 010
　任务引入 ··· 010
　任务分析 ··· 010
　相关知识 ··· 010
2.1　曲线的绘制 ·· 010
　　2.1.1　直线 ·· 011

2.1.2　圆弧和圆 ·· 012
　　2.1.3　基本曲线 ·· 012
　　2.1.4　矩形 ·· 015
　　2.1.5　正多边形 ·· 016
　　2.1.6　椭圆 ·· 017
　　2.1.7　螺旋线 ·· 018
　2.2　曲线的编辑 ·· 019
　　2.2.1　圆角 ·· 019
　　2.2.2　倒角 ·· 021
　　2.2.3　修剪曲线 ·· 022
　　2.2.4　编辑曲线参数 ·· 025
　　2.2.5　分割曲线 ·· 025
　　2.2.6　编辑长度 ·· 026
　　2.2.7　偏置曲线 ·· 026
　　2.2.8　投影曲线 ·· 027
　任务实施 ·· 028
　学习小结 ·· 035
　企业专家点评 ·· 036
　思考与练习 ·· 036

学习单元三　草图的绘制 ·· 038
　任务引入 ·· 038
　任务分析 ·· 038
　相关知识 ·· 038
　3.1　草图基本操作 ·· 038
　　3.1.1　草图的创建 ·· 038
　　3.1.2　草图环境设置 ·· 039
　　3.1.3　草图的绘制 ·· 041
　　3.1.4　草图的约束 ·· 047
　任务实施 ·· 053
　学习小结 ·· 057
　企业专家点评 ·· 057
　思考与练习 ·· 058

学习单元四　实体模型创建 ·· 061
　任务　法兰盘造型 ·· 061
　　任务引入 ·· 061
　　任务分析 ·· 061
　　相关知识 ·· 062

- 4.1 任务一相关知识 ... 062
  - 4.1.1 基本概念和术语 ... 062
  - 4.1.2 扫描特征创建——拉伸 ... 063
  - 4.1.3 基本体素特征创建——圆柱体 ... 068
  - 4.1.4 编辑特征——倒斜角 ... 069
  - 4.1.5 成形特征创建—孔 ... 071
  - 任务实施 ... 073
  - 学习小结 ... 074
  - 企业专家点评 ... 075
  - 任务二 带轮造型 ... 075
  - 任务引入 ... 075
  - 任务分析 ... 076
  - 相关知识 ... 077
- 4.2 任务二相关知识 ... 077
  - 4.2.1 扫描特征创建——回转 ... 077
  - 4.2.2 特征操作——实例特征 ... 078
  - 任务实施 ... 080
  - 学习小结 ... 082
  - 企业专家点评 ... 082
  - 任务三 手柄造型 ... 082
  - 任务引入 ... 082
  - 任务分析 ... 083
  - 相关知识 ... 083
- 4.3 任务三相关知识 ... 083
  - 4.3.1 扫描特征——沿引导线扫掠 ... 083
  - 4.3.2 基本体素——球体 ... 085
  - 任务实施 ... 085
  - 学习小结 ... 087
  - 企业专家点评 ... 087
  - 任务四 锥形瓶造型 ... 088
  - 任务引入 ... 088
  - 任务分析 ... 088
  - 相关知识 ... 089
- 4.4 任务四相关知识 ... 089
  - 4.4.1 偏置/缩放——抽壳 ... 089
  - 4.4.2 编辑特征——边倒圆 ... 090
  - 任务实施 ... 091

学习小结 ··· 093
　　企业专家点评 ··· 093
　　任务五　螺栓造型 ··· 093
　　任务引入 ··· 093
　　任务分析 ··· 094
　　相关知识 ··· 094
4.5　任务五相关知识 ··· 094
　4.5.1　特征操作——螺纹 ··· 094
　4.5.2　特征操作——修剪体 ··· 096
　　任务实施 ··· 097
　　学习小结 ··· 103
　　企业专家点评 ··· 104
　　任务六　小支座造型 ·· 104
　　任务引入 ··· 104
　　任务分析 ··· 105
　　相关知识 ··· 105
4.6　任务六相关知识 ··· 105
　4.6.1　基本体素——长方体 ··· 105
　4.6.2　成型特征——凸台 ··· 106
　　任务实施 ··· 107
　　学习小结 ··· 113
　　企业专家点评 ··· 114
　　知识链接 ··· 114
　　思考与练习 ··· 121

学习单元五　装配建模 ··· 125
　　任务引入 ··· 125
　　任务分析 ··· 129
　　相关知识 ··· 129
5.1　装配概述 ··· 129
　5.1.1　装配概念 ··· 129
　5.1.2　装配术语 ··· 129
　5.1.3　数据引用与共享 ··· 131
5.2　装配结构操作 ··· 131
　5.2.1　创建新组件 ··· 131
　5.2.2　简单装配实例 ··· 133
　5.2.3　装配中的装配约束 ··· 135
5.3　爆炸视图 ··· 141

5.3.1 爆炸视图的建立 …………………………………………………………… 141
　　5.3.2 爆炸视图的编辑 …………………………………………………………… 142
　　5.3.3 爆炸视图的操作 …………………………………………………………… 143
　任务实施 ……………………………………………………………………………… 143
　学习小结 ……………………………………………………………………………… 155
　企业专家点评 ………………………………………………………………………… 155
　思考与练习 …………………………………………………………………………… 155

学习单元六　工程图 …………………………………………………………………… 160
　任务引入 ……………………………………………………………………………… 160
　任务分析 ……………………………………………………………………………… 160
　相关知识 ……………………………………………………………………………… 161
　6.1 工程图概述 ……………………………………………………………………… 161
　6.2 图纸页面管理 …………………………………………………………………… 162
　　6.2.1 新建图纸页 ………………………………………………………………… 162
　　6.2.2 打开图纸页 ………………………………………………………………… 162
　　6.2.3 删除图纸页 ………………………………………………………………… 163
　　6.2.4 编辑图纸页 ………………………………………………………………… 163
　　6.2.5 显示图纸页 ………………………………………………………………… 163
　6.3 视图管理功能 …………………………………………………………………… 163
　　6.3.1 基本视图 …………………………………………………………………… 163
　　6.3.2 视图投影 …………………………………………………………………… 166
　　6.3.3 局部放大视图 ……………………………………………………………… 169
　　6.3.4 全部视图 …………………………………………………………………… 170
　　6.3.5 半剖视图 …………………………………………………………………… 172
　　6.3.6 旋转剖视图 ………………………………………………………………… 173
　　6.3.7 局部剖视图 ………………………………………………………………… 173
　6.4 工程图的标注 …………………………………………………………………… 176
　　6.4.1 基本环境的设置 …………………………………………………………… 177
　任务实施 ……………………………………………………………………………… 181
　学习小结 ……………………………………………………………………………… 195
　企业专家点评 ………………………………………………………………………… 195
　思考与练习 …………………………………………………………………………… 195

学习单元七　曲面特征 ………………………………………………………………… 197
　任务引入 ……………………………………………………………………………… 197
　任务分析 ……………………………………………………………………………… 197
　相关知识 ……………………………………………………………………………… 198
　7.1 概述 ……………………………………………………………………………… 198

7.1.1	自由曲面的构造方法	198
7.1.2	自由曲面的术语和参数说明	198

7.2 基于点构造曲面 ··· 199
- 7.2.1 通过点构造曲面 ··· 199
- 7.2.2 通过极点构造曲面 ··· 200
- 7.2.3 通过点云构造曲面 ··· 201

7.3 基于曲线创建曲面 ··· 201
- 7.3.1 直纹面 ··· 202
- 7.3.2 通过曲线组创建曲面 ··· 203
- 7.3.3 通过曲线网格创建曲面 ··· 205
- 7.3.4 扫掠 ··· 207

7.4 剖切曲面 ··· 209
- 任务实施 ··· 209
- 学习小结 ··· 213
- 企业专家点评 ··· 213
- 思考与练习 ··· 213

学习单元八 平面零件铣削加工 ··· 218
- 任务引入 ··· 218
- 任务分析 ··· 219
- 相关知识 ··· 219

8.1 设置加工环境 ··· 219
8.2 数控编程的一般步骤 ··· 220
- 8.2.1 创建毛坯 ··· 221
- 8.2.2 创建设置父节点组 ··· 221
- 8.2.3 创建操作 ··· 221
- 8.2.4 设置加工参数 ··· 221
- 8.2.5 生成刀轨并校验 ··· 221
- 8.2.6 后置处理 ··· 222

8.3 铣削加工类型 ··· 222
- 8.3.1 平面铣削 ··· 222
- 8.3.2 固定轴曲面轮廓铣削 ··· 223
- 8.3.3 多轴铣削 ··· 223

8.4 利用二维线框加工平面实例 ··· 223
8.5 利用二维线框加工外形轮廓及内腔实例 ··· 235
- 任务实施 ··· 252
- 学习小结 ··· 265
- 企业专家点评 ··· 265

| 思考与练习 | 265 |

学习单元九　固定轴曲面零件铣削加工　268
任务引入　268
任务分析　268
相关知识　269
9.1　固定轴铣削加工　269
9.2　简单固定轴铣削加工实例　269
任务实施　279
学习小结　291
企业专家点评　292
思考与练习　292

参考文献　293

学习单元一
课程认识

任务

了解本课程的性质和作用；了解本课程的主要内容；掌握本课程的学习方法和技巧；了解当前机械行业常用的 CAD/CAM 软件；掌握 UG NX8.0（也叫 Siemens NX8.0）软件的启动，认识并熟悉软件的基本界面，掌握文件的新建、保存、打开等基本文件管理操作，掌握视图的缩放、平移、旋转等基本操作，掌握工具条的定制方法。

1.1 课程的性质和作用

随着 CAD/CAM 技术在制造业的普及，它对制造业产生了革命性的影响，对科技的进步、国民经济的快速发展都起到了重要作用。在信息技术高速发展的今天，作为机械行业的从业人员，掌握一种 CAD/CAM 软件的应用已成为必备的技能。因此，各层次的大专院校机械类专业均开设有 CAD/CAM 技术课程，并且将之作为专业必修课。各高校所开设的课程名称虽然不尽相同，但均是选择某种流行的 CAD/CAM 软件进行教学，培养学生应用该软件的能力。

高职院校作为我国高等教育的重要组成部分，其培养的是高技能应用型人才，要求学生具有很强的实践动手能力。对于机械类高职学生的要求更是如此。在众多技能当中，就包括掌握某种或某几种 CAD/CAM 软件应用的能力。

在众多 CAD/CAM 软件中，UG 以其强大的功能、友好的界面、良好的操作性和开放性获得了用户的青睐，已成为目前世界上用户最多的 CAD/CAM 软件之一。该软件在中国也拥有众多用户，广泛应用于机械设计制造行业。该软件最初由美国 EDS 公司开发，经历了多个版本的换代，后来该公司被 SIEMENS 公司收购。2008 年 6 月，SIEMENS 公司发布了最新的 UG NX6.0 软件，并将之更名为 Siemens NX6.0，该版本是收购 EDS 公司后推出的第一款 CAD/CAM/CAE 软件，比之前的 UG NX5.0，在功能上有很大的改进。以 Siemens NX6.0 为基础，SIEMENS 公司分又先后发布了 Siemens NX7.0 和 Siemens NX7.5。2011 年 09 月推出了 Siemens NX8.0。

本课程是机械制造类专业的一门专业必修课。通过本课程的学习，学生将具备 UG NX8.0 软件的应用能力，包括零件的造型设计、部件的装配及零件的自动编程等。

1.2 课程的主要内容

本课程的教学内容安排紧扣行业、企业的需求。以机械制造类专业（数控、机制、计辅等）的《岗位职业标准》、《人才培养质量标准》以及《人才培养方案》为指导，在充分调研的基础上，既考虑企业岗位能力的需求，又考虑学生的发展需要，将课程分为 9 个教学单元，主要讲授软件的基本操作、曲线的绘制与编辑、草图创建与编辑、实体建模、装配建模、工程图、曲面造型、平面类零件铣削加工、固定轴曲面铣削加工等。

本课程的学习要以机械制图、机械加工工艺、数控编程、数控设备等课程为基础，在具备机械识图能力、工艺编制能力以及数控编程能力的基础上进行，并与五轴加工、高速加工等课程相结合。此外，本课程的学习还要求具备一定的专业英语阅读能力。

1.3 课程的学习方法

本课程对于动手能力要求较高，在学习过程中除了掌握基本的理论知识外，更注重动手操作，因此，在学习过程中要做到以下几点：

（1）与其他相关课程紧密结合。要将机械制图、机械加工工艺、数控编程、数控设备等课程知识应用到本课程的学习中来，将之融会贯通；此外还要特别注意在学习过程中灵活应用几何知识。

（2）注重动手能力的培养。本课程与其他理论课相比更加注重动手能力的培养，因为软件的学习必须要进行动手操作，如果光是听老师讲，自己不动手，是永远学不会的。因此需要在学习过程中完成大量的练习，通过练习巩固所学知识。在练习过程中如果有问题，需要将其记录，并及时解决。

（3）课后除了完成老师规定的练习外，要积极主动地学习。因课堂时间有限，老师不可能将每一个知识点都讲到，对于这些内容，可通过自学的方式进行学习，要充分利用网络、图书馆等资源主动学习。

（4）在学习过程中注意总结。

1.4 常用 CAD/CAM 软件简介

1.4.1 Pro/Engineer（Creo）

Pro/Engineer 简称 Pro/E，由美国 PTC 公司开发，是一个面向机械工程的 CAD/CAM/CAE 集成系统，其参数化特征造型技术成为 CAD/CAM 技术发展史上的里程碑。该软件在全世界拥有众多用户，广泛应用于机械、汽车、航空、家电、模具等行业。2010 年软件名称改为 Creo，该软件目前的最新版本是 Creo2.0。

1.4.2 CATIA

CATIA 是法国达索公司开发的旗舰产品。作为 PLM 协同解决方案的一个重要组成部分，它可以帮助制造厂商设计他们未来的产品,并支持从项目前阶段、具体的设计、分析、模拟、组装到维护在内的全部工业设计流程。该软件拥有一流的曲面设计功能,广泛应用于汽车、航空航天、船舶制造、厂房设计、电力与电子、消费品和通用机械制造行业。该软件目前的最新版本是 CATIA V6。

1.4.3 MasterCAM

MasterCAM 是美国 CNC Software Inc. 公司开发的基于 PC 平台的 CAD/CAM 软件。该软件目前在 NC 自动编程领域表现十分出色,是 CAM 功能的领军软件。同时它集二维绘图、三维实体造型、曲面设计、体素拼合、数控编程、刀具路径模拟及真实感模拟等功能于一身。它具有方便直观的几何造型功能,其强大稳定的造型功能可设计出复杂的曲线、曲面零件。该软件目前的最新版本是 MasterCAM X9。

1.4.4 SolidWorks

SolidWorks 软件是世界上第一个基于 Windows 开发的三维 CAD 系统,其技术创新符合 CAD 技术的发展潮流和趋势。1997 年法国达索公司以高额市值将 SolidWorks 全资并购,该软件成为达索公司中端市场的主流产品。功能强大、易学易用和技术创新是 SolidWorks 的三大特点。目前该软件的最新版本是 SolidWorks 2017。

1.4.5 Cimatron

Cimatron 是著名软件公司以色列 Cimatron 公司旗下产品,该软件在三维机械设计及 NC 自动编程方面具有强大的功能,特别是复杂零件的设计及制造。Cimatron 支持几乎所有当前业界的标准数据信息格式,能方便地与其他软件进行文件交换。目前该软件的最新版本是 Cimatron E13。

1.4.6 CAXA 制造工程师

CAXA 是中国领先的 CAD 和 PLM 供应商,是我国制造业信息化的优秀代表和知名品牌,CAXA 制造工程师是面向数控铣床和加工中心的三维 CAD/CAM 软件。该软件基于微机平台,采用原创 Windows 菜单和交互方式,全中文界面,便于轻松学习和操作,并且价格较低。CAXA 制造工程师可以生成 3~5 轴的加工代码,可用于加工具有复杂三维曲面的零件,在国内拥有众多用户。目前该软件的最新版本是 CAXA 制造工程师 2015。

除了以上软件外,目前较流行的 CAD/CAM 软件还有 PowerMill、SolidEdge、QuickNC 等。

1.5 UG NX8.0 基本操作

1.5.1 软件的启动及初始界面

启动 UG NX8.0 中文版,有以下 4 种方法:
(1) 单击【开始】按钮,选择【所有程序】→【Siemens NX 8.0】→【NX 8.0】

选项；

(2) 双击桌面上 UG NX8.0 的快捷方式图标 ，启动 UG NX8.0；

(3) 在快捷启动栏中单击 UG NX8.0 的快捷方式图标 ，启动 UG NX8.0；

(4) 在 UG NX8.0 安装目录的 UGII 子目录下双击 ugraf.exe 图标，就可启动 UG NX8.0。启动 UG NX8.0 中文版后，初始界面如图 1-1 所示。

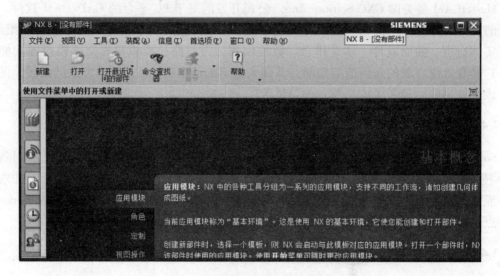

图 1-1　UG NX8.0 初始界面

1.5.2　创建新文件

在初始界面上选择菜单【文件】→【新建】命令，或者单击工具条上的【新建】图标，打开【新建】对话框，如图 1-2 所示。在该对话框上选择模型标签，设置单位为毫米，并在"新文件名"选项下指定文件名称和存储路径后，单击"确定"按钮，即可进入主界面。此处需注意，在默认状态下文件名和存储路径均不能有中文。如果要输入中文名称和目录，需要在操作系统的环境变量中设置新的变量 UGII_UTF8_MODE，变量值=1，并重启软件。

1.5.3　UG NX8.0 的主界面

UG NX8.0 的主界面及其组成如图 1-3 所示。

UG NX8.0 具有典型的 Windows 风格，其主界面主要由以下几个部分组成。

(1) 标题栏：显示软件版本、当前功能模块、当前文件名、当前工作等信息。

(2) 菜单栏：放置 UG NX8.0 的各功能菜单，不同菜单打开后有不同的命令。软件的所有功能都能在菜单上找到。

(3) 工具栏：用于放置软件对应命令的图标，每一个图标对应一个命令，可快速执行操作。

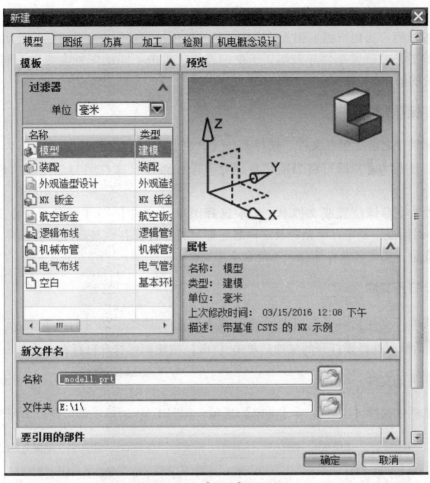

图 1-2 【新建】对话框

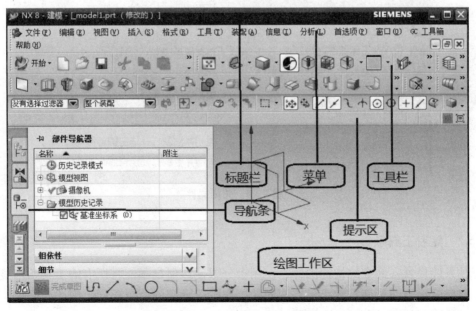

图 1-3 UG NX8.0 主界面

（4）绘图窗口：用于显示模型及相关对象。
（5）提示栏：为用户提示相关的操作信息，是用户与软件交互的重要功能区。
（6）导航条：放置部件导航器、历史记录等，单击不同的图标会弹出不同的导航器，可进行相关的操作。

1.5.4　保存文件

在退出软件之前应保存文件。选择菜单【文件】→【保存】命令，或者单击工具条上的【保存】图标，即可将当前文件保存，保存路径及文件名与建立该文件时的设置一致。

如果要改变存储位置或文件名，则应选择菜单【文件】→【另存为】命令，会打开【另存为】对话框，指定存储路径及文件名后即可将文件保存。与新建文件一样，如果没有新建系统变量，文件名及存储路径不能含有中文。

1.5.5　打开文件

选择菜单【文件】→【打开】命令，或者单击工具条上的【打开】图标，弹出【打开】对话框，选择要打开的文件后单击【OK】按钮即可打开已存在的文件。

1.5.6　关闭文件

在菜单栏中选择【文件】→【关闭】选项，如图 1-4 所示，即可进行关闭操作。

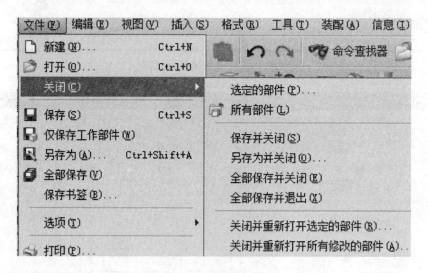

图 1-4　关闭文件

1.5.7　定制工具条

工具条能提供各命令的快捷图标，使用十分方便，但是不能将所有的工具条都显示在界面上，那样的话绘图区面积太小，在不同的工作阶段常用的命令不同，因此应根据工作需要将现阶段最常用的工具条显示在界面上。此外还可以根据需要调整工具条的形式、位置以及图标大小等。

1. 更改用户角色

角色是指用户的级别，软件默认的角色选项是"基本功能"，在该选项下菜单中只有基本的功能命令，工具栏上的图标下都有相应的文字说明。"基本功能"角色适合于初学者使用。

但是由于工具栏增加文字说明后会占据较大的空间，造成绘图区面积减小。为保证绘图区足够大，需要更改用户角色。更改用户角色的方法是单击界面左侧导航条上的【角色】图标，如图1-5所示，选择其中的"具有完整菜单的高级功能"选项，这样设置后菜单具有所有的命令，而且工具栏去掉了文字说明，加大了绘图区的面积。图1-6和图1-7分别为更改角色前后的工具栏。

图1-5 更改用户角色

图1-6 更改角色前的工具栏

图1-7 更改角色后的工具栏

2. 添加工具栏

添加工具栏方法较多，最常用也是最简单的方法是将鼠标移动到现有工具栏的任意位置，单击右键，会弹出选择框，将鼠标移动到需要显示的工具栏名称上单击左键即可将该工具栏显示在界面上。

1.5.8 视图操作

对 UG 软件创建的模型进行观察，需要进行平移、旋转、缩放以及更改显示方式等操作，这些操作在软件的各个模块中都要使用。以下分别介绍。

（1）平移：单击工具栏上的【平移】图标，再将鼠标移动到绘图区按住左键不放，即可将模型在窗口中往任意方向进行移动，以方便观察。但是需要注意此时模型在空间中的位置是没有改变的。

（2）旋转：单击工具栏上的【旋转】图标，将鼠标移动到绘图区模型附件，按住左键拖动鼠标，即可对模型进行旋转，可以从任意角度观察模型。此外直接按下鼠标滚轮不放，拖动鼠标也可对模型进行旋转。

（3）缩放：工具栏上的缩放图标有两个，一个是普通缩放，单击后按住左键上下移动鼠标，即可实现缩小放大。另一个是窗口缩放，单击该图标后并在需要缩放的区域拖出一个窗口，即可将该区域放大。

（4）更改显示方式：单击工具栏上的显示方式右侧的下拉箭头，弹出图 1-8 所示的选择项，可根据需要选择不同的显示方式。

图 1-8　模型的显示方式

本学习单元主要介绍了本课程性质作用、主要内容和学习方法，使读者对本课程以及 UG NX8.0 软件具有初步了解，重点要熟悉软件的界面，掌握缩放、平移、旋转等基本操作，此外对于文件的保存、打开及关闭操作也应该熟练掌握。这些基本操作是后续学习的基础。

❄ 思考与练习

练习一：利用互联网查询 NX 软件的相关信息，了解其发展历程和主要特点。
练习二：利用互联网了解各种主流 CAD/CAM 软件及其特点。

学习单元二
曲线的绘制

任务引入

在 UG NX8.0 中利用曲线功能完成图 2-1 所示平面图形的绘制。

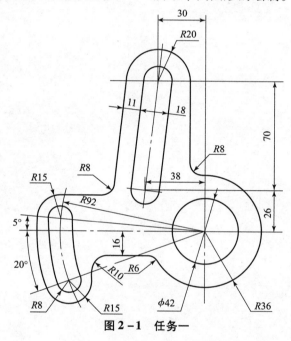

图 2-1 任务一

任务分析

该图为平面图形，由直线、圆弧组成，在绘图过程中需要使用直线、圆、圆弧等绘图命令，还需要使用旋转、偏置以及修剪等编辑命令。通过该图形的绘制，需要掌握直线、圆、圆弧的绘制方法，掌握偏置、圆角、旋转、修剪等编辑命令的操作，为后续的三维造型和曲面造型打下基础。

相关知识

2.1 曲线的绘制

常用的曲线包括直线、圆、圆弧以及样条曲线等。利用曲线工具可绘制平面图形用于实体造型，还可绘制空间的曲线用于曲面造型。可通过菜单【插入】→【曲线】来选择相应的命令,如图2-2所示。也可通过【曲线】工具栏来激活命令,【曲线】工具栏如图2-3所示。

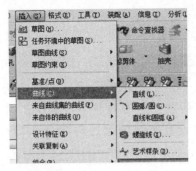

图2-2 曲线命令的选择

图2-3 【曲线】工具栏

2.1.1 直线

该命令用来创建直线。启动直线命令的方法是单击【插入】→【曲线】→【直线】,或者在【曲线】工具条上单击【直线】图标 ,即可弹出图2-4所示的【直线】对话框。

该对话框中的各个选项功能说明如下。

(1) 起点:用于指定直线的起点。直线的起点共有【自动判断】、【点】、【相切】3个选项。

(2) 终点或方向:用于设置直线的终点。

(3) 支持平面:用于设置直线所在的平面,包括【自动平面】、【锁定平面】和【选择平面】3种方式。

(4) 限制:用于设置最终直线起点终点与所选择点之间的位置关系。

如果在绘图区任选两点绘制直线,其操作如图2-5所示,选择起点和终点,再单击对话框上的【确定】按钮即可。在没有设置支持平面的情况下绘制的直线默认在XY面内。如果需要输入起点和终点的坐标,应单击对话框上的点构造器按钮 后再输入坐标值。也可在绘图区捕捉已存在的点来绘制直线。

图2-4 【直线】对话框

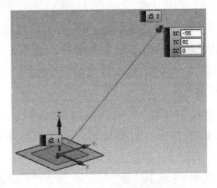

图2-5 两点法绘制直线

2.1.2 圆弧和圆

圆弧和圆的绘制方法是单击菜单【插入】→【曲线】→【圆弧/圆】，或者单击【曲线】工具条上的【圆弧/圆】图标 ，即可打开【圆弧/圆】对话框，如图 2-6 所示。

绘制圆和圆弧时可选择"三点画圆弧"或者"从中心开始的圆弧/圆"两种方法，再在绘图区选择相关的点即可绘制圆弧或圆，如图 2-7 所示。当需要绘制整圆时，需要在图 2-6 所示的【圆弧/圆】对话框中的"限制"选项中设置圆弧的起始角度为 0，终止角度为 360。

图 2-6 【圆弧/圆】对话框

图 2-7 绘制圆弧和圆

2.1.3 基本曲线

前面介绍的两种方法绘制的直线、圆弧都是关联性曲线，而基本曲线绘制的直线、圆弧及圆角等创建的是非关联曲线。

选择菜单【插入】→【曲线】→【基本曲线】，或者单击【曲线】工具条上的【基本曲线】图标 ，即弹出【基本曲线】对话框，如图 2-8a 所示。同时弹出的还有图 2-8b 所示的【跟踪条】对话框，跟踪条主要用于输入点坐标、长度、角度等参数。

如图 2-8a 所示，基本曲线对话框的公共选项分别表示的意义如下。

【增量】：选中该项表示给定的点的坐标值是相对上一点的增量值，而不是相对工件坐标系；反之亦然。

【点方法】：选取点的捕捉方法。

【线串模式】：选中该项表示可以绘制连续的曲线。

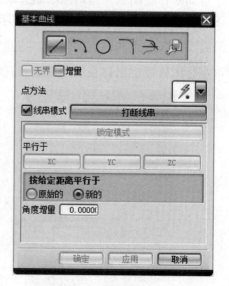

图 2-8a 【基本曲线】对话框

图 2-8b 【跟踪条】对话框

【打断线串】：在线串模式时，单击该按钮可以终止连续绘制。
【平行于】：该选项可以绘制与坐标轴或已知曲线的平行线。
【角度增量】：确定圆周方向的捕捉间隔。

使用基本曲线功能可绘制直线、圆弧、圆等曲线，还可以进行倒圆、修剪和编辑参数等操作。下面分别举例。

1. 绘制直线

单击【基本曲线】对话框上的直线按钮 即可绘制直线，常用的绘制直线的方法有两点绘制直线、使用长度和角度绘制直线。

两点绘制直线可选择已有的点，如图 2-9 所示选择两段圆弧圆心绘制直线。也可通过在跟踪条中输入坐标绘制直线，如图 2-10 所示，直线的起点坐标为 0，0，0，终点坐标为 100，50，40。

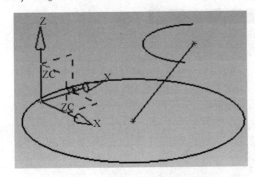

图 2-9 选择现有两点绘制直线　　　　图 2-10 输入两点坐标绘制直线

在绘图过程中用得最多的是根据长度和角度来绘制直线，其操作方法如下：

选择任意点作为直线的起点，在跟踪条中的长度选项 的文本框中输入长度 100，再在角度选项 的文本框中输入角度 30，敲回车键即可绘制出长度为 100，与 X 轴正向成 30°夹角的直线，如图 2-11（a）和图 2-11（b）所示。

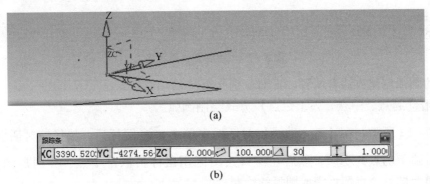

图 2-11 用长度→角度模式绘制直线

除此之外，如果要绘制与坐标轴平行的直线，选择起点后再单击【基本曲线】对话框中的"平行于"选项中的 XC、YC 或 ZC，即可绘制出与相应坐标轴平行的直线。

如果需要绘制跟已有直线垂直或平行的直线，其方法如下：

在【基本曲线】对话框中单击 图标，在主窗口下方的绘制直线对话工具条中输入直线起点坐标值或在【基本曲线】对话框的【点方式】菜单下选择 图标，然后再在【点构造器】中输入坐标值，然后单击一条已经存在的直线（鼠标避开其特征点，比如端点和中点），移动鼠标出现提示平行线或垂直线时，在跟踪条中的长度选项 文本框中输入线段的长度，敲回车键即可以完成直线的绘制。

利用基本曲线中的直线功能还能绘制角平分线、切线、面的法线等线条，读者可自己尝试。

2. 绘制圆弧

在【基本曲线】对话框中单击圆弧图标 ，即可绘制圆弧。此时，【基本曲线】对话框变为如图 2 – 12 所示，跟踪条变化如图 2 – 13 所示。

图 2 – 12　【基本曲线】对话框

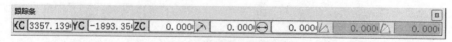

图 2 – 13　绘制圆弧跟踪条

常用的圆弧创建方法有两种，下面分别介绍。

（1）用【起点、中点、弧上之点】方式绘制圆弧。

如图 2 – 12 所示，在【基本曲线】对话框中单击 图标后，选择该对话框中的【起点，终点，弧上的点】选项，然后在窗口绘图区用鼠标拾取三个点，分别是圆弧的起点、终点和圆弧上的一个点即可完成圆弧的绘制。

（2）用【圆心、起点、终点】方式绘制圆弧。

在【基本曲线】对话框中单击 图标，选择该对话框中的【中心，起点，终点】选项，然后在窗口绘图区拾取圆弧中心点，圆弧的起始点以及终点即可绘制圆弧，该圆弧从起点到终点是沿逆时针方向生成的。

3. 圆的绘制

在【基本曲线】对话框中单击圆图标 ，启动绘制圆命令。此时，【基本曲线】对话框变为如图 2 – 14 所示。

图 2 – 14　【基本曲线】对话框

圆主要的绘制方法有以下几种：
（1）用圆心、圆上一点方式绘制圆。

在【基本曲线】对话框中单击 图标，用鼠标在绘图区选定一点作为圆心点，然后拖动鼠标即可出现圆，再选择一点作为圆上的点即可绘制一个圆。

（2）用圆心、半径或直径方式绘制圆。

在【基本曲线】对话框中单击 图标，首先在跟踪条的【XC】、【YC】、【ZC】文本框中输入圆心坐标值，敲击回车键确定圆心坐标，然后在半径或直径文本框中输入半径或直径值，敲击回车键即可绘制指定圆心和半径（或直径）的圆。

2.1.4　矩形

单击【曲线】工具栏中矩形图标 ，或选择菜单命令【插入】→【曲线】→【矩形】，启动绘制矩形功能。系统弹出图 2 – 15 所示【矩形】对话框，用鼠标在绘图区选择两个点，即可创建一个以这两个点为对角点的矩形。如图 2 – 16 所示。

图2-15 【矩形】对话框

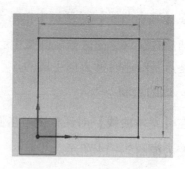

图2-16 两点绘制矩形

2.1.5 正多边形

单击【曲线】工具栏中的正多边形图标 ，或选择菜单命令【插入】→【曲线】→【正多边形】，系统会弹出如图2-17所示【多边形】对话框。

【多边形】功能提供了三种半径定义的方式：【内切圆半径】、【外接圆半径】、【边长】。

【内切圆半径】：此方法是用正多边形的内切圆来创建多边形。单击该选项时，系统弹出如图2-18所示【多边形】对话框，分别在【半径】和【旋转】文本框中输入相应的数值，设置正多边形的中心，创建如图2-19所示的正多边形。

图2-17 【多边形】对话框

图2-18 【多边形】对话框

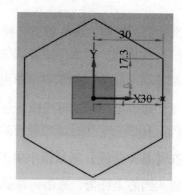

图2-19 创建多边形

【外接圆半径】：此方法使用外接圆创建多边形。单击该选项后，系统弹出如图2-20所示的【多边形】对话框，分别在【半径】和【旋转】文本框中输入相应的数值，设置正多边形的中心，创建如图2-21所示的正多边形。

【边长】：此方法是用多边形边的长度和旋转角度来创建多边形。单击该选项后，系统会弹出如图2-22所示的【多边形】对话框，分别在【长度】和【旋转】文本框中输入相应的数值，设置正多边形的中心，创建如图2-23所示的正多边形。

图 2-20 【多边形】对话框

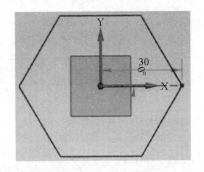

图 2-21 创建多边形

图 2-22 【多边形】对话框

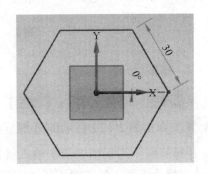

图 2-23 创建多边形

2.1.6 椭圆

选择菜单命令【插入】→【草绘曲线】→【椭圆】，或单击【曲线】工具条上的椭圆图标 ⊕ ，弹出如图 2-24 所示的【椭圆】对话框。在该对话框中选定椭圆中心点，输入相关的数值，单击"确定"按钮，即可创建图 2-25 所示的椭圆。

图 2-24 【椭圆】对话框

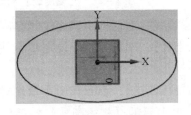

图 2-25 创建椭圆

对话框中的椭圆参数的意义分别如图 2-26 所示。

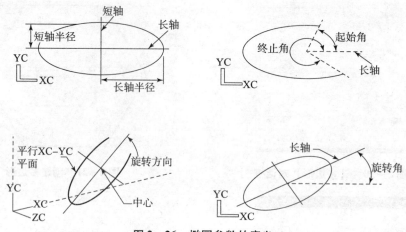

图 2-26 椭圆参数的意义

2.1.7 螺旋线

选择菜单命令【插入】→【曲线】→【螺旋线】，或单击【曲线】工具条上的螺旋线图标 ，弹出图 2-27 所示的【螺旋线】对话框。

在【螺旋线】对话框中依次输入螺旋线的圈数、螺距、设定螺旋线的旋向（右旋或左旋）。选定螺旋半径、设定螺旋线的方位，再单击"确定"按钮就可以产生一条螺旋线。如图 2-28 所示。

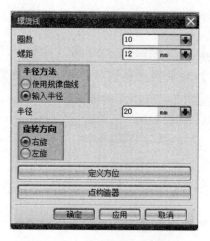

图 2-27 【螺旋线】对话框

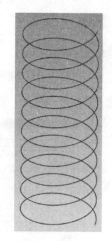

图 2-28 螺旋线

在【螺旋线】对话框中螺旋线的螺旋半径设置有两种，它们分别为：

【输入半径】：本方式用于设定螺旋线半径为一定值。用于绘制如图 2-28 所示的一般螺旋线。

【使用规律曲线】：本方式用于设定螺旋半径按一定规律变化。选择该选项以后，会弹出如图 2-29 所示的【规律函数】对话框。选择其中的线性图标 ，弹出图 2-30 所示的【规律控制】对话框，输入起始值和终止值后，单击"确定"按钮。回到【螺旋线】对话框，选定螺旋线的中心点后，生成如图 2-31 所示的螺旋线。

图 2-29　【规律函数】对话框

图 2-30　【规律控制】对话框

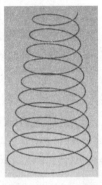

图 2-31　螺旋线

2.2　曲线的编辑

曲线绘制后其形状不一定满足要求，要通过编辑命令改变其尺寸、外形。常用的曲线编辑有圆角、倒角、裁剪、分割、编辑长度等。

2.2.1　圆角

单击【曲线】工具栏上的基本曲线图标 ，弹出【基本曲线】对话框，单击其中的圆角图标 ，弹出如图 2-32 所示的【曲线倒圆】对话框。

图 2-32　【曲线倒圆】对话框

该对话框中一共提供了三种倒圆角方法。

（简单圆角）：对两根交叉直线进行倒圆。

（两曲线圆角）：对任意两条曲线倒圆。

（三曲线圆角）：对任意三条曲线倒圆。

其他几个选项的功能如下。

【继承】：单击该按钮时，用于继承已有的圆角半径值。

【修剪第一条曲线】：当选择第二种或者第三种倒圆角方式时，系统才会激活该复选框。选择该选项后，倒圆角时系统将修剪选择的第一条曲线。

【修剪第二条曲线】：当选择第二个倒圆角方式时，系统才会激活该复选框。选择该选项，则在倒圆角时系统将修剪选择的第二条曲线。

【修剪第三条曲线】：只有选择第三个倒圆角方式时，该复选框才会激活。选择该选项，则在倒圆角时系统将修剪选择的第三条曲线，如图 2-33 所示。

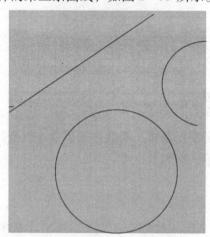

图 2-33　三条曲线倒圆

【点构造器】：执行两曲线圆角或三曲线圆角时，单击该选项，可以用指定点代替曲线，即在点与点之间或点与曲线之间倒圆角。

下面具体介绍几种常用的倒圆角方式：

（1）两直线之间的倒圆。

在【曲线倒圆】对话框中单击 图标，在【半径】框中输入半径值，移动鼠标，使光标球与两条直线相交，光标中心位于圆角中心大概位置，单击鼠标左键，完成两直线的倒圆。

（2）两曲线倒圆。

在【曲线倒圆】对话框中单击 图标，输入半径值，设置第一条曲线裁剪，第二条曲线不裁剪。依次单击要倒圆的两条曲线，再在大概的圆角中心位置指定一点，完成两曲线的倒圆。此时需要注意选择曲线的顺序不同，倒圆结果也不一样。

（3）三曲线倒圆。

在【曲线倒圆】对话框中单击 图标，输入半径值，设置三条曲线都不裁剪，依次单击图 2-33 所示的直线、圆弧、圆，在单击圆弧、圆时系统自动弹出如图 2-34 所示对话框，选择【外切】，单击鼠标左键，再指定大概的圆角中心位置，圆角结果如图 2-35 所示。

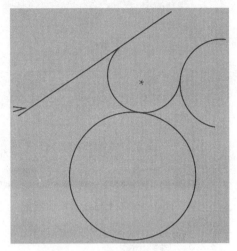

图 2-34　相切方式　　　　　　　　　图 2-35　三条曲线倒圆

（注意：如果输入的圆角半径小于两曲线间的距离，则操作无效）

2.2.2　倒角

单击【曲线】工具条上的倒角图标 ，或者单击【插入】→【曲线】→【倒斜角】，启动倒斜角命令。弹出图 2-36 所示的【倒斜角】对话框，在该对话框上单击"对称"按钮，输入距离，再用鼠标选择球选中两直线，完成倒角。图 2-37 所示的【倒斜角】对话框，在该对话框上单击"非对称"按钮，输入距离，再用鼠标选择球选中两直线，完成倒角。

图 2-36　【倒斜角】对话框　　　　　　图 2-37　【倒斜角】对话框

图 2-38 所示的【倒斜角】对话框，在该对话框上单击"偏置和角度"按钮，输入距离和角度，再用鼠标选择球选中两直线，完成倒角。倒角结果如图 2-39 所示。

图 2-38 【倒斜角】对话框

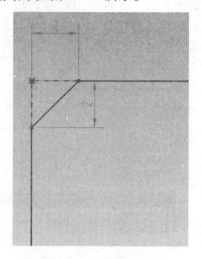

图 2-39 倒角结果

2.2.3 修剪曲线

在绘制曲线过程中有的线条事先是不能确定其长度的，只能先大概绘制，最后再使用延伸/修剪功能对曲线进行修改。

单击【编辑曲线】工具条上的修剪曲线图标 ，或者单击【编辑】→【曲线】→【修剪】，启动修剪命令。弹出图 2-40 所示的【修剪曲线】对话框，该功能不但可以修剪曲线，还可以延伸曲线。

图 2-40 【修剪曲线】对话框

首先在绘图区选择要修剪的曲线，如图2-41a所示，再选择第一边界和第二边界，单击【确定】按钮后即可完成修剪。修剪结果如图2-41b所示。

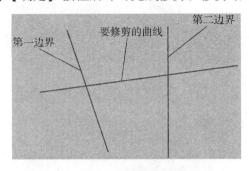

图2-41a　选择曲线及边界

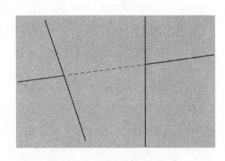

图2-41b　修剪结果

此时虽然将中间一段直线修剪，但原直线自动转换成一条虚线，这是因为在【修剪曲线】对话框上的"设置"选项中"输入曲线"项选择了"保留"，如图2-42所示。如果选择的是"隐藏"，则修剪后原曲线自动隐藏，如图2-43所示。

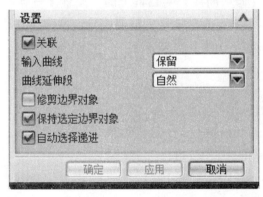

图2-42　"设置"选项

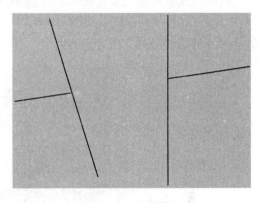

图2-43　修剪结果

在图2-42所示的"设置"选项中，"关联"用于设置修剪结果是否会随边界对象的改变而改变；"修剪边界对象"用于设置修剪时是否要修剪边界对象；"保持选定的边界对象"在用同一边界修剪两个或两个以上对象时选中，如果只修剪一个对象则不选。

在修剪过程中如果只有一个边界，则在选择该边界后直接单击【确定】按钮即可。如图2-44a和2-44b所示。直线与圆弧之间，圆弧与圆弧之间修剪方式相同。

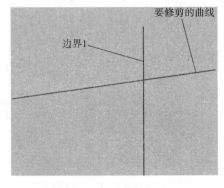

图2-44a　选择修剪曲线

图2-44b　修剪结果

但是对整圆的修剪必须要两个边界，否则无法修剪。一个对象与圆有两个交点的情况下如果要修剪，那么第一边界和第二边界都是该对象，如图 2-45a 和 2-45b 所示。

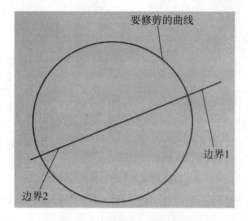

图 2-45a　选择修剪曲线

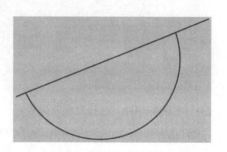

图 2-45b　修剪结果

延伸曲线的操作需要在图 2-46 所示的【修剪曲线】对话框上的"设置"选项中选择"曲线延伸段"为"自然"。然后如图 2-47a 所示，选择要延伸的曲线后，再选择边界，最后单击【确定】按钮，完成延伸操作，结果如图 2-47b 所示。

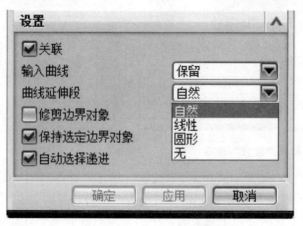

图 2-46　设置曲线延伸

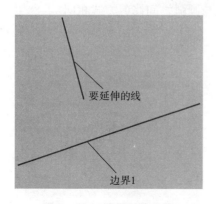

图 2-47a　选择延伸曲线

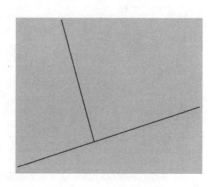

图 2-47b　修剪结果

2.2.4 编辑曲线参数

编辑曲线参数功能可以对选中的直线、圆弧、圆、样条曲线等曲线的参数进行修改。其方法是单击【编辑曲线】工具条上的编辑曲线参数图标 ![icon]，或者选择【编辑】→【曲线】→【参数】，弹出图 2-48a 所示的【编辑曲线参数】对话框，同时会弹出跟踪条。选择不同对象，跟踪条中会显示不同的参数，如图 2-48b 所示的【编辑直线参数】对话框。如果需要修改曲线参数，只需在跟踪条中输入新的参数，再敲击回车键即可。

图 2-48a 【编辑曲线参数】对话框

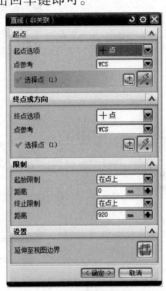

图 2-48b 【编辑直线参数】对话框

2.2.5 分割曲线

分割曲线是指将曲线按指定的方式断开。单击【编辑曲线】工具条上的分割曲线图标 ![icon]，或者选择【编辑】→【曲线】→【分割】，弹出图 2-49 所示的【分割曲线】对话框，在该对话框上的"类型"选项中点开右侧的下拉菜单即可选择分割方式。如图 2-50 所示。选择分割方式后再选择要分割的曲线，然后输入相关的参数，单击【确定】按钮即可完成曲线的分割。

图 2-49 【分割曲线】对话框

图 2-50 选择分割方式

2.2.6 编辑长度

编辑弧长功能用于编辑已有曲线的长度,可以是直线、圆弧、样条曲线等。单击【编辑曲线】工具条上的曲线长度图标 ,或者选择【编辑】→【曲线】→【长度】,弹出图 2-51 所示的【曲线长度】对话框,选择需要更改长度的曲线后,选择更改方式,再输入更改的长度,单击确定即可更改曲线的长度。

图 2-51　【曲线长度】对话框

2.2.7 偏置曲线

偏置曲线功能用于按指定的偏置距离生成与已有曲线相似的线条,偏置的曲线可以是直线、圆、圆弧及直线圆弧组成的封闭或非封闭的图形。单击【曲线】工具条上的偏置曲线图标 ,或者选择【插入】→【草图曲线】→【偏置】,弹出图 2-52 所示的【偏置曲线】对话框。首先选择要偏置的对象,再输入偏置距离,指定偏置方向即可偏置曲线。图 2-53 所示就是偏置后的效果。

图 2-52　【偏置曲线】对话框

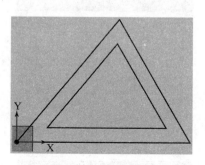

图 2-53　偏置结果

上例中选择的偏置曲线是一个三角形的三条边，因此偏置平面已确定，就是三角形所在平面。如果偏置的对象只是单一的直线，此时还需要确定偏置平面方向。在绘图过程中偏置曲线常用于绘制平行直线，操作过程如图2-54所示，结果如图2-55所示。

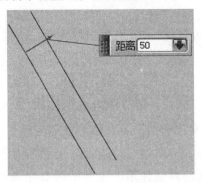

图2-54　选择曲线及点

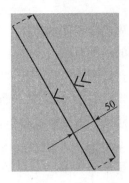

图2-55　偏置结果

2.2.8　投影曲线

投影曲线用于将选定的曲线按指定的投影方向投影到某个面上去，投影面可以是平面，也可以是曲面。单击【曲线】工具条上的投影曲线图标，或者选择【插入】→【草图曲线】→【投影曲线】，弹出图2-56所示的【投影曲线】对话框。选择要投影的曲线，指定方向，并指定投影的面，单击"确定"按钮即可生成投影线。图2-57是将一个圆沿一直线方向投影到圆柱面上的结果。

由于在【投影曲线】对话框上的"设置"选项中选择了"关联"，因此投影得到的曲线与原曲线是相关的，也就是说如果修改了原曲线，投影曲线也会自动变化。

利用投影曲线可以得到用一般方法无法创建的复杂曲线，常用于绘制复杂曲面。

图2-56　【投影曲线】对话框

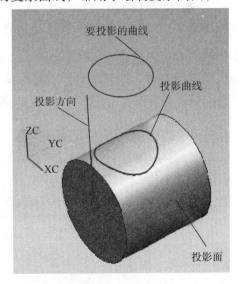

图2-57　投影曲线结果

除此之外，UG NX8.0中还可以创建相交曲线、截面线以及对曲线进行缠绕、展开等操作得到新的复杂曲线。有了这些创建曲线和编辑曲线的命令，可以根据需要绘制平面或三维的曲线。

任务实施

绘图前先确定绘图的思路。根据对该图形的分析，采用先绘制直线、圆弧，再倒圆角、最后再修剪的绘图思路。

第一步：绘制 φ42 及 R36 的同心圆。

在【草图工具】工具栏，选择绘制圆图标 ⊙ ，在绘图区用鼠标任选一点作为圆心，如图 2-58 所示，拖动鼠标会出现随鼠标移动变化的圆，再在跟踪条的半径 的文本框中输入半径值 36，敲回车键即可绘制出半径为 36 的一个圆。如果圆心点需要用坐标定义，则需要在跟踪条中输入圆心坐标值，敲击回车键。再捕捉第一个圆的圆心作为圆心，在直径 文本框中输入直径值 42，敲回车即可绘制该圆。最终结果如图 2-59 所示。

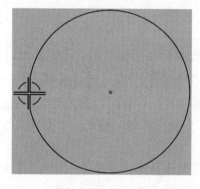
图 2-58　绘制圆

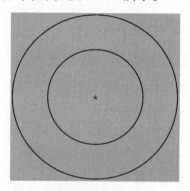
图 2-59　绘制结果

第二步：绘制直线。

在【草图工具】工具栏，选择绘制直线图标 ，在绘图区用鼠标选择第一步绘制的两个圆的圆心作为起点，在跟踪条的长度 文本框中输入长度为 107，在角度 文本框中输入角度为 180°，敲回车键，绘制一条水平向左的直线。用同样的方法绘制长度与第一条直线相等，角度分别为 175°、200°的直线。绘制结果如图 2-60 所示。

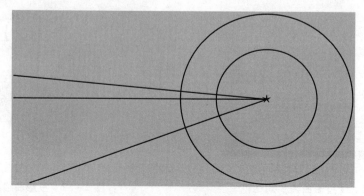
图 2-60　绘制直线

第三步：绘制圆。

选择圆命令，绘制如图 2-61 所示的五个圆，注意圆心及半径。大圆与第一步绘制的圆同心，半径 92；四个小圆的圆心在 R92 的圆与第二步绘制的两条直线的交点上，半径分别为 15、8。在捕捉圆与直线的交点作为圆心时，如图 2-62 所示，在【基本曲线】对话框上将"点方法"更换成交点 ✛，再在绘图区选择形成交点的圆和直线即可捕捉到该交点。

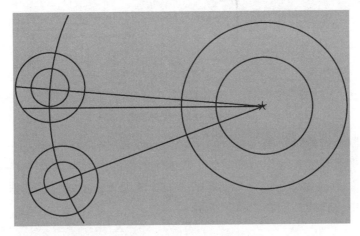

图 2-61　绘制结果

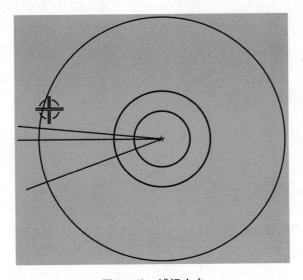

图 2-62　捕捉交点

第四步：绘制圆弧。

首先删除上一步绘制的 R92 的圆。删除方法是选中该圆，敲击键盘上的"Delete"键即可。然后在【基本曲线】对话框上选择绘制圆弧图标，并选择"中心、起点、终点"方式，依次捕捉圆心、起点和终点，绘制图 2-63 所示的三段圆弧，此时的"点方法"依然使用交点模式，捕捉方法同前一步。

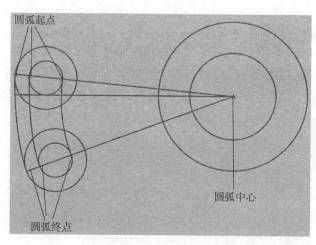

图 2-63　绘制圆弧

第五步：绘制上方的倾斜槽。

首先绘制水平线和竖直线作为辅助线，找到倾斜槽的中心点。如图 2-64 所示。

将"点方法"更换为端点或自动判断的。捕捉辅助直线的端点作为圆心，绘制三个圆，并连接倾斜槽的中心斜线。如图 2-65 所示。

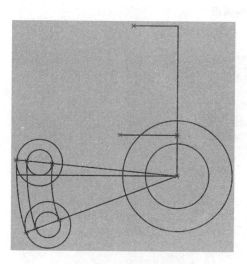

图 2-64　绘制辅助直线

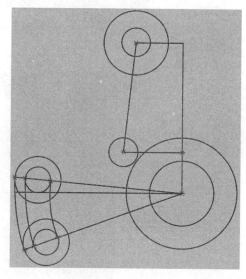

图 2-65　绘制圆

第六步：偏置直线。

删除不用的辅助直线。采用偏置曲线命令，根据图形要求距离做出平行直线，如图 2-66 所示，偏置直线时取消关联，以方便最后删除辅助直线。

第七步：绘制水平线和竖直线。

选择直线命令，将"点方法"更换为象限点 ○|，选择图 2-67 所示的圆的上方的象限点，再在"平行于"选项中选择"XC"，更换"点方法"为自动判断的 ∕，在右侧大概位置任选一点作为直线终点，绘制水平直线。同样方法绘制右侧竖直直线。

图 2-66 偏置直线

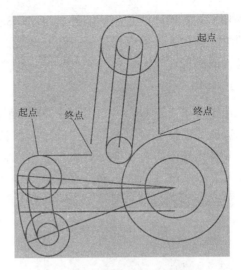

图 2-67 绘制水平线和竖直线

第八步：倒圆角。

选择【草图工具】工具栏上的圆角图标 ，在弹出的【曲线倒圆】对话框中选择两曲线倒圆图标 ，输入圆角半径为 8，选择裁剪第一和第二条曲线，再如图 2-68 所示选择两直线倒圆角。

用同样的方法倒出另外的两个圆角，在倒角时不能裁剪整圆，需要注意灵活更换曲线是否裁剪，同时要输入正确的圆角半径。

第九步：修剪曲线。

修剪多余的曲线。选择快速修剪命令，打开【快速修剪】对话框，如图 2-69 所示，依次选择要修剪的曲线、第一边界、第二边界，将多余的曲线修剪，并删除辅助线，最终结果如图 2-70 所示。

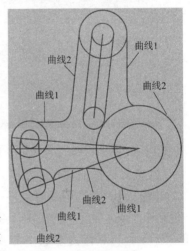

图 2-68 倒圆角

图 2-69 【快速修剪】对话框

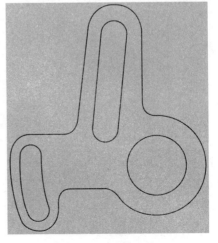

图 2-70 最终结果

除了基本的曲线绘制功能外，UG NX8.0还提供了强大的曲线编辑功能，除了前面讲到的圆角、倒角、修剪等操作外，还有曲线的变换、曲线的平移等命令。有了这些功能，可以提高绘图速度。

1. 变换

选择菜单【编辑】→【变换】可启动变换命令，弹出图2-71所示的【变换】对话框，首先选择要变换的对象，单击"确定"按钮，弹出图2-72所示的【变换】对话框。

或者先选中需要变换的对象，单击右键，在弹出的快捷菜单中选择"变换"也可弹出图2-72所示的【变换】对话框。

图2-71 【变换】对话框

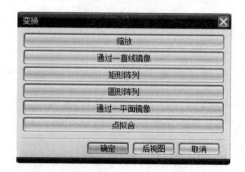

图2-72 【变换】对话框

在该对话框上有6种变换方式，以下分别介绍：

【缩放】：对选中的对象进行缩放。如图2-73所示，选择图中的三角形作为变换对象，选择刻度尺选项后，弹出图2-74所示的【点】对话框，用于指定缩放的中心点。选择图2-75所示的点作为缩放中心点，弹出图2-76所示的对话框，指定比例因子为2，单击"确定"按钮，弹出图2-77所示的【变换】对话框，单击【复制】按钮，完成缩放，将三角形放大为原来的2倍。结果如图2-78所示。

图2-73 变换对象

图2-74 【点】对话框

如果在图2-76所示的对话框中选择【非均匀比例】，则会弹出图2-79所示的对话框，分别输入X、Y、Z方向的缩放比例后单击"确定"按钮，可对所选择的对象进行不均匀缩放。图2-80所示为变换结果。

图2-75 选择中心点

图2-76 【变换】对话框

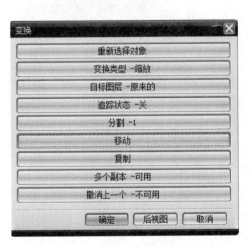

图2-77 【变换】对话框

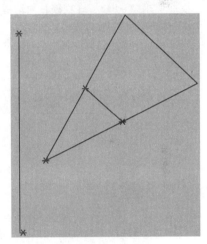

图2-78 变换结果

图2-79 输入比例因子

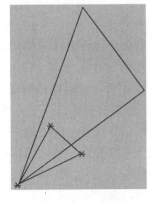

图2-80 变换结果

【通过一直线镜像】：可将对象通过选定的直线进行镜像。单击该按钮后，弹出图 2-81a 所示的【变换】对话框，如果镜像线已存在，则选择其上的【现有的直线】，单击左侧的竖直线为镜像线，如图 2-81b 所示，弹出下一个对话框后再单击【复制】选项，即可将三角形进行镜像，结果如图 2-82 所示。

图 2-81a 【变换】对话框

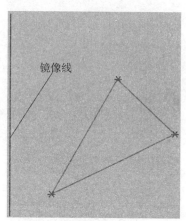

图 2-81b 选择镜像线

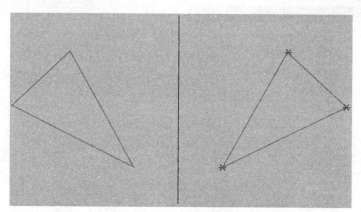

图 2-82 镜像结果

其他的变换类型读者可自行尝试。

2. 移动对象

移动对象命令可以对选定的对象进行平移、旋转等操作。选择菜单【编辑】→【移动对象】可启动移动对象命令，弹出【移动对象】对话框，如图 2-83 所示。选择要移动的对象后，在"运动"选项中选择相应的运动方式，如果选择距离，表示根据指定的 X、Y、Z 三个方向的距离进行移动。如果选择点到点，表示使用两个点进行移动。图 2-84 便是采用点到点的移动方式得到的结果。

如果选择角度方式，指定回转中心点、回转轴和角度后即可对选中的对象进行旋转。图 2-85 就是旋转 90°的结果。在图 2-83 所示的【移动对象】对话框中的结果选项中可以选择移动原来的对象，或者复制原来的对象，如图 2-86 所示。

在【移动对象】对话框中其他的运动方式读者自行操作。

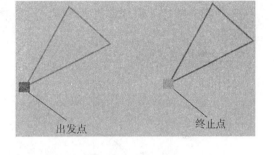

图 2-83 【移动对象】对话框

图 2-84 移动结果

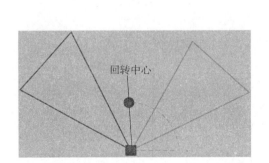

图 2-85 旋转结果

图 2-86 设置参数

　　本学习单元主要学习曲线的绘制和编辑。重点掌握直线、圆弧和圆的绘制，并结合变换、移动对象、圆角和修剪等功能来绘制复杂的图形，为后续的实体造型和曲面造型打好基础。除此之外，一些复杂曲线，如样条曲线，空间的曲线等也是需要同学们掌握的。

万丈高楼平地起。曲线的绘制是学好 UG 软件的基础，特别是曲面造型需要首先绘制复杂的曲线。同学们在学习过程中要做大量的练习，不熟悉的操作要多次尝试，学会自己解决问题。要充分利用图书馆、网络等资源，学会独立思考。同时练习要有针对性，要选择与生产实际紧密联系的实例。

思考与练习

完成下列图形的绘制（见图 2-87~图 2-91）。

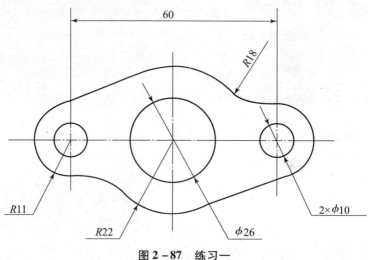

图 2-87 练习一

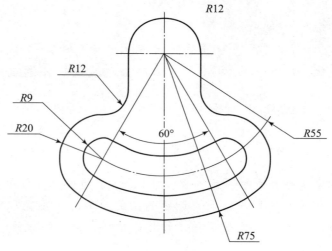

图 2-88 练习二

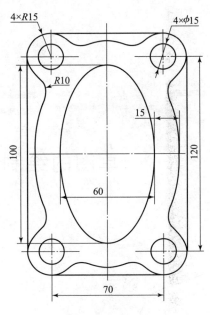

图 2-89 练习三

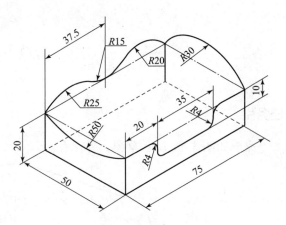

图 2-90 练习四

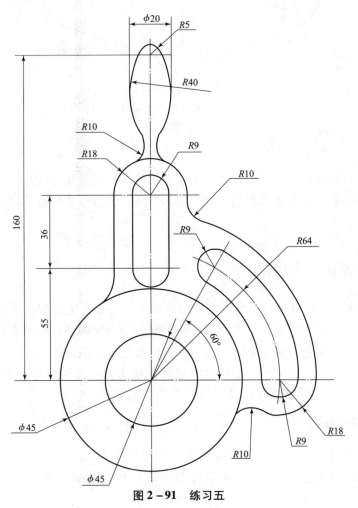

图 2-91 练习五

学习单元三

草图的绘制

任务引入

完成如图3-1所示草图,并保存。

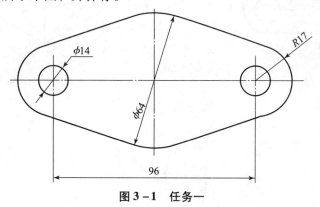

图3-1 任务一

任务分析

该图形是一对称图形,因此可充分利用草图中的镜像功能来进行绘制。

通过该任务的学习,掌握草图的绘制方法与技巧,为后续实体造型打下基础。

相关知识

3.1 草图基本操作

草图(Sketch)是可以进行尺寸驱动的平面图形,是参数化造型的重要工具,用于定义特征的截面形状、尺寸和位置。它主要由草图平面、草图坐标系、草图曲线、草图约束等组成。同一个模型文件可包含多个草图,一个草图也可包含多组草图曲线。每个草图都有一个名称,草图名称可在建立草图时由用户自行定义,默认的草图格式为:SKETCH-XXX,其中【SKETCH】为默认草图名前缀,【XXX】为草图的建立顺序号。

3.1.1 草图的创建

在菜单栏单击【插入】→【草图】,或单击【特征】工具条中的【草图】图标 ,进入草图界面,系统弹出如图3-2所示【创建草图】对话框,要求用户指定一个草图平面。草图平面是草图曲线所在的平面,由用户指定。

在【类型】下拉列表中有两个选项:【在平面上】和【在轨迹上】。

选择【在平面上】选项,此时有3种平面选项。

【现有平面】:用户可选择当前工作坐标系的 XC – YC 平面、XC – ZC 平面、YC – ZC 平面作为草图平面,也可选定已经存在的实体或者片体平表面为草图平面。此时可在绘图区中直接用鼠标选择,选择的草图平面会高亮显示。

【创建平面】:利用【平面】对话框新创建一个平面,并将其作为草图平面。

【创建基准坐标系】:首先构造基准坐标系,然后根据构造的基准坐标系来创建基准平面作为草图平面。

选择【基于路径】选项,则是根据指定的轨迹的法线方向和指定点来构建草图平面。选择该项后,【创建草图】对话框则如图3 – 3所示。

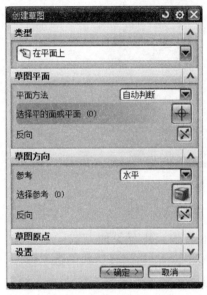
图3 – 2　【创建草图】对话框

图3 – 3　【创建草图】对话框

在【轨迹】标签中单击【选择路径】按钮，可以选择相切连续路径。

在【平面位置】标签的【位置】下拉列表中提供有3种决定平面位置的方式:弧长、弧长百分比和通过点。平面位置是针对路径曲线而言的,选择不同的方式,在其下方的文本框中输入设定的数值,平面位置就会围绕选择的路径曲线发生改变。

在【平面方位】标签的【方向】列表中有4种平面方位的确定方式:

垂直于路径:建立的草图平面通过轨迹上的指定点,并在该点处与路径垂直;

垂直于矢量:建立的草图平面通过轨迹上的指定点,并垂直于指定的矢量;

平行于矢量:建立的草图平面通过轨迹上的指定点,并平行于指定的矢量;

通过轴:建立的草图平面通过轨迹上的指定点,并通过指定的参考轴或矢量。

当指定了某个平面为草图工作平面后,系统会自动将工作坐标系移至该平面。

3.1.2　草图环境设置

在具体绘制草图之前,可根据需要对草图环境进行设置。

在菜单栏单击【首选项】→【草图】，系统弹出如图 3-4 所示【草图首选项】对话框，该对话框有三个标签：草图样式、会话设置和部件设置，可对文本高度、草图约束、草图颜色等进行设置。

图 3-4 【草图首选项】对话框

【草图样式】标签下各选项的含义如下：

【尺寸标签】：控制草图尺寸中表达式的显示方法。共有 3 种方式：表达式——显示表达式名称和值；名称——仅显示表达式的名称；值——仅显示表达式的数字值。

【屏幕上固定文本高度】：在缩放草图时会使尺寸文本维持恒定的大小。如果不选此项，则缩放时，会同时缩放尺寸文本和草图几何图形。

【文本高度】：指定草图尺寸中显示的文本大小。

【创建自动判断约束】：对创建的草图启用创建自动判断的约束选项。

【连续自动标注尺寸】：连续自动标注草图曲线尺寸。

【显示对象颜色】：使用对象显示颜色显示草图曲线和尺寸。

【会话设置】标签下各选项的含义如下：

【捕捉角】：设置捕捉角大小，在绘制直线时，直线与 XC 或 YC 轴之间的夹角小于捕捉角时，系统自动将直线变为水平或垂直线。默认为 3°。

【更改视图方位】：选中该选项，当草图激活时，草图平面改变为视图平面；草图改变为不激活状态时，视图还原为草图被激活前的状态。

【维持隐藏状态】：将此项与隐藏命令一起使用，可控制草图对象的显示：启用——隐藏的任何草图曲线或尺寸在下次编辑草图时保留隐藏；禁用——编辑草图时，草图生成器会显示所有曲线和尺寸，而不管它们的【隐藏】状态。退出草图生成器时，对象回到其最初的【隐藏】状态。

【保持图层状态】：选中此项，激活一个草图时，草图所在的图层自动成为工作图层；

退出激活状态时，工作图层还原到草图激活前的图层。

【背景】：可指定草图绘制环境的背景色。

【名称前缀】：允许修改 NX 添加到草图名称、直线、圆弧以及其他草图对象的前缀。修改过的前缀应用到创建的新对象上，先前创建的名称不会更改。

【部件设置】标签下各选项可对曲线、尺寸、自由度箭头等颜色进行设置。

3.1.3 草图的绘制

所有的草图绘制、编辑的相关命令都集中在【插入】和【编辑】两个菜单中，其对应的工具栏如图 3-5 所示。

图 3-5 【草图工具】对话框

（1）配置文件 ：此命令以线串模式创建一系列相连的直线和圆弧；上一条曲线的终点是下一条曲线的起点，并且在绘制过程中，可以在直线和圆弧之间相互转换。单击后出现如图 3-6 所示【轮廓】对话框。

【直线】：选中该项，则绘制连续的直线。这也是系统默认模式。

【圆弧】：选中该项，则绘制连续的圆弧。

【坐标模式】：选中该项，则以输入绝对坐标值 XC 和 YC 来确定轮廓线的位置和距离（如图 3-7 所示），这是系统默认模式。

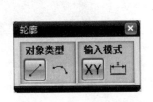

图 3-6 【轮廓】对话框

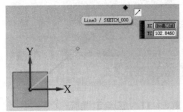

图 3-7 坐标模式

【参数模式】：选中该项，则以输入相对应的参数来创建轮廓曲线点（如图 3-8 所示）。对于直线，其参数为长度和角度；对于圆弧，其参数为半径和扫掠角度。

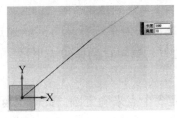

图 3-8 参数模式

小技巧：在绘制过程中，按键盘上的"Esc"键退出连续绘制模式；按鼠标左键并拖动，可在直线和圆弧之间切换。

（2）直线 ╱：通过指定两点绘制直线。单击该按扭，出现如图3-9所示【直线】对话框，同样提供了坐标和参数两种输入模式选项。

（3）圆弧 ⌒：用于绘制单一圆弧。单击工具条中的此按钮，系统弹出如图3-10所示【圆弧】对话框，系统提供了两种绘制圆弧的方法，同时对于相应参数，系统也提供了坐标和参数两种输入模式。

图3-9 【直线】对话框

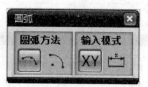
图3-10 【圆弧】对话框

⌒【三点定圆弧】：该方法为系统默认方式，通过指定3个点来确定一个圆弧。第一点为圆弧的起点，第二点为圆弧终点，第三点为圆弧的中间点，用以确定圆弧的半径。此时也可通过输入半径值来确定圆弧，如图3-11所示。

⌒【中心和端点定圆弧】：通过指定圆心和圆弧端点来确定圆弧。第一点为圆弧圆心，第二点为圆弧起点，第三点为终止位置，系统以第一点与第二点的连线为圆弧的半径，第一点与第三点之间的连线来确定圆弧的终点，第一、二点连线与第一、三点连线间的夹角为圆心角（扫掠角度），此时也可通过输入半径值和角度来确定圆弧的大小和终点，如图3-12所示。

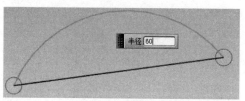
图3-11 三点定圆弧

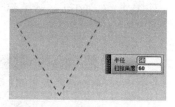
图3-12 中心和端点定圆弧

技巧：在两个输入框之间转换，可使用键盘上的"Tab"键

（4）圆 ○：用于绘制单一圆。单击该按钮，系统弹出如图3-13所示【圆】对话框，系统提供了两种绘制圆的方式。

⊙【圆心和直径定圆】：此方法为系统默认方式。通过指定圆心和半径（或直径值）来确定圆。第一点为圆心，第二点与第一点的连线为半径。此时也可通过输入直径值来确定圆的大小。

○【三点定圆】：通过确定3个点来确定圆。此时也可通过两点和输入直径值来确定。如图3-14所示。

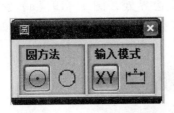

图 3-13 【圆】对话框

图 3-14 三点定圆

(5) 快速修剪：该按钮的功能是对多余线条进行快速修剪。单击后，系统弹出如图 3-15 所示对话框，默认状态下，若两图素相关，则系统自动默认交点为修剪的断点，并修剪掉鼠标所选取的图素，如图 3-16 所示；若两图素不相关，则删除所选取的图素。

图 3-15 【快速修剪】对话框

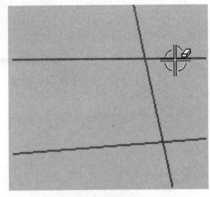

图 3-16 修剪单条曲线

在【快速修剪】对话框上单击【边界曲线】中的【选择曲线】按钮，可自定义修剪边界，用鼠标在绘图区选择所需的曲线作为边界，选择完毕后，单击【要修剪的曲线】中的【选择曲线】按钮，并在相应需修剪的图素上单击进行修剪。图 3-17a 是采用默认方式修剪单条曲线的效果，图 3-17b 是选择了第 1、2 条直线作为修剪边界后，修剪的效果。

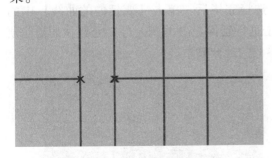

图 3-17a 默认边界修剪效果

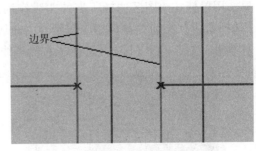

图 3-17b 自定义边界修剪效果

若想进行多条曲线的修剪，则按住鼠标左键不放，拖动鼠标，此时光标会绘制出一条曲线，与此曲线所相交的图素均会被修剪。

(6) 快速延伸：此功能是将已存在的曲线延长到与之相应的边界处。

单击该按钮，系统弹出如图3-18所示对话框，在默认状态下，当鼠标放在需延伸的直线上时，系统则将该曲线延伸到与之最近相交边界处，图3-19（a）为原始状态，图3-19（b）为鼠标在需延伸曲线上时的预览效果，单击鼠标左键后即可延伸该曲线。

图3-18 【快速延伸】对话框

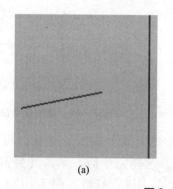 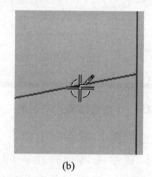

(a)   (b)

图3-19 快速延伸操作

在【快速延伸】对话框中单击【边界曲线】中的【选择曲线】按钮，可自定义延伸边界，用鼠标在绘图区选择所需的曲线作为边界，选择完毕后，单击【要延伸的曲线】中的【选择曲线】按钮，并在相应需延伸的曲线上单击进行延伸。图3-20（a）是默认的延伸预览效果，图3-19（b）是选择了右侧直线做边界的的延伸效果。

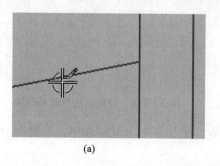 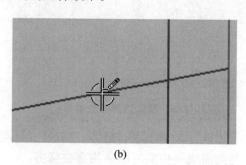

(a)   (b)

图3-20 自定义边界延伸

注意：边界与已存在的曲线必须要能相交，否则无法延伸。

（7）制作拐角 ┼：该功能是将已知的两条曲线进行相交，并进行修剪。单击此按钮，系统弹出如图 3-21 所示【制作拐角】对话框。【曲线】中的【选择对象】按钮已默认选中，此时用鼠标在绘图区选择要制作拐角的两条曲线，即可完成拐角的制作。图 3-22（a）为两曲线原始状态，图 3-22（b）为选中两条曲线后的预览效果，图 3-22（c）是单击鼠标左键确定后的效果。需要注意的是，鼠标在单击确定之前，光标所在的位置对最后的图形是有影响的，系统认定以两曲线交点为断点，光标所在的曲线部分是保留部分，另一部分是修剪部分。图 3-22（c）为光标在直线 2 的下方时确定的效果，图 3-22（d）为光标在直线 2 的上方时确定的效果。

图 3-21 【制作拐角】对话框

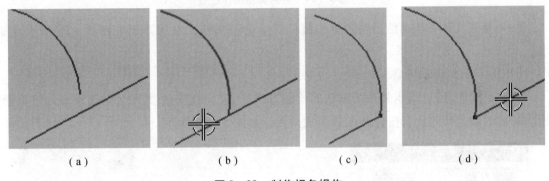

（a） （b） （c） （d）

图 3-22 制作拐角操作

（8）圆角 ⌐：该功能是在两条或三条曲线之间创建圆角。单击按钮后，系统弹出如图 3-23 所示【创建圆角】对话框。

【圆角方法】含义如下：

⌐【修剪】：选中此项，系统在进行圆角处理时，将修剪多余的边线。此项为系统默认方式。

⌐【取消修剪】：选中此项，系统在进行圆角处理时，将不修剪多余的边线。

【选项】含义如下：

【删除第三条曲线】：选中该项，在进行圆角处理时，如果圆角与第三边相切，则删除第三条曲线。

【创建备选圆角】：单击该按钮，将在几个可能解之间依次转换，供用户选择。

选中需处理圆角的两条曲线，输入半径值后即可完成圆角。图 3-24（a）为两条曲线原始状态，图 3-24（b）为输入半径值，并选择曲线后的预览效果，图 3-24（c）是单击鼠标左键确定后的效果（图示中采取修剪模式）。

图 3-23　【圆角】对话框

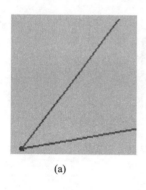 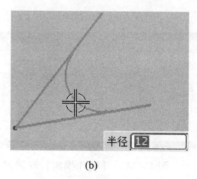 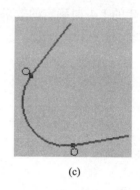

　　　　(a)　　　　　　　　　　　　　(b)　　　　　　　　　　　　　(c)

图 3-24　创建圆角操作过程

（9）矩形 □：该功能是绘制矩形线框。单击该按钮，系统弹出如图 3-25 所示【矩形】对话框。

【矩形方法】选项的含义如下：

【按 2 点】：这也是系统默认的绘制方式。通过确定矩形的两个对角点来创建矩形。相应参数的输入模式仍有坐标和参数模式两种，如图 3-26 所示。

 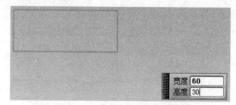

图 3-25　【矩形】对话框　　　　　　　图 3-26　【按 2 点】创建矩形

【按 3 点】：通过 3 个点来创建矩形。第 1、2 点连线为矩形的宽度方向，第 2、3 点连线为矩形的高度方向。此方法可用来创建有一定倾斜角度的矩形，如图 3-27 所示。

【从中心】：该方法也是通过确定三点来创建矩形，但是按对称长度方式来创建。第 1 点是矩形的中心，第 2 点与第 1 点连线为矩形长度的一半，最后确定的第 3 点与第 2 点连线为高度的一半，如图 3-28 所示为确定第 3 点时的状态。

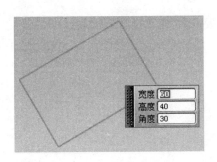
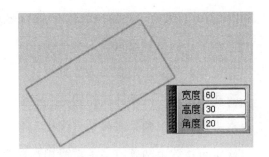

图3-27 【按3点】创建矩形　　　　图3-28 【从中心】创建矩形

（10）艺术样条 ：用于绘制样条曲线。单击后出现如图3-29所示对话框。

【通过点】：通过在绘图区依次指定样条曲线的通过点，则样条曲线动态可见。

若对指定点不满意，可将光标移动到该点上方，直接用鼠标拖动调整或进行删除，如图3-30所示。

【根据极点】：通过指定极点来创建样条曲线。可通过极点的斜率或曲率的指定对样条曲线进行修改。

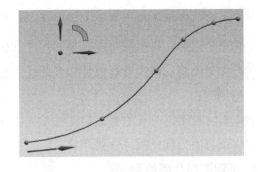

图3-29 【艺术样条】对话框　　　　图3-30 【通过点】绘制样条曲线

3.1.4 草图的约束

草图的约束就是用来限制草图的形状，它包括几何约束和尺寸约束两种。几何约束用于建立两个或多个草图对象之间的位置关系，尺寸约束是用来限制草图对象的长度、直径、角度等形状关系。

> **小技巧**：草图绘制之初可不必考虑对象的精确位置和尺寸，待完成草图对象后，再统一用约束进行控制。

1. 几何约束

几何约束用于限制草图各个对象之间的相互位置和形状关系。可通过手动和自动方式进行添加。

几何约束的类型：几何约束共有 23 种类型，其主要几种约束的含义如下：

→ 水平：约束指定直线为水平线；

↑ 竖直：约束指定直线为竖直线；

○ 相切：约束两条曲线相切；

// 平行：约束两条或多条直线相互平行；

⊥ 垂直：约束两条或多条直线相互垂直；

‖‖‖ 共线：约束两条或多条直线共线；

◎ 同心：约束两个或多个圆或椭圆同心；

= 等长度：约束两条或多条直线等长度；

⌒ 等半径：约束两条或多条圆弧半径相等；

↑ 点在线上：约束指定点位于指定线上；

┌ 重合：约束两点或多个点重合；

▷|◁ 镜像：约束两组对象互成为镜像关系；该约束只能通过镜像功能实现；

↔ 恒定长度：约束指定直线的长度固定不变；

∠ 恒定角度：约束指定直线的方位角度恒定；

⫠ 固定：将草图指定对象固定在某一位置不变；

完全固定：将指定草图对象的尺寸和位置均进行固定；

∼ 均匀比例：该约束对象是样条曲线，在移动样条曲线的两个端点时，使样条曲线的形状保持不变；

∼ 非均匀比例：该约束是指在移动样条曲线的两个端点时，使样条曲线沿水平方向缩放，而保证垂直方向的尺寸保持不变。

2. 手动添加几何约束

单击【草图约束】工具条中的【约束】按钮 ⫠，或单击草图界面中的【插入】→【约束】菜单项，系统提示【选择要创建约束的曲线】，用户指定曲线后，系统会根据选择对象的不同，弹出相应的约束选择对话框，选择相应的约束类型即可。

如果指定的对象是圆或圆弧，则弹出如图 3 - 31 (a) 所示对话框，系统提供了【固定】和【完全固定】两种约束方式。

如果指定的对象是直线，则弹出如图 3 - 31 (b) 所示对话框，系统提供了【固定】、【完全固定】、【水平】、【竖直】、【定长】、【定角】六种约束方式。

如果指定的对象是艺术样条，则弹出如图 3 - 31 (c) 所示对话框，系统提供了【完全固定】、【均匀比例】、【非均匀比例】三种约束方式。

如果同时指定了直线和圆，则系统又弹出了如图 3 - 31 (d) 所示对话框，系统提供了【固定】、【完全固定】、【垂直】、【相切】四种约束方式等等。

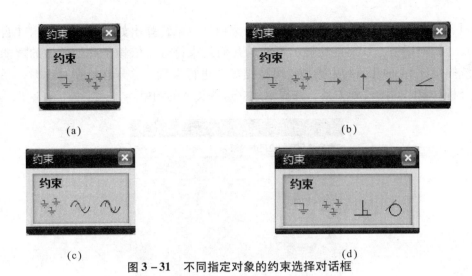

图 3-31 不同指定对象的约束选择对话框

小技巧：对于不同的选择对象，系统会弹出不同的约束选择框，此时要注意根据需要进行选择。若是要建立多个对象之间的约束，也同样可依次选择有相互约束关系的多个对象，此时系统弹出的对话框会随选择对象的不同而发生变化，要注意选择哟。

3. 自动添加约束

单击【草图约束】工具条中的【自动约束】按钮 ![icon]，或单击草图界面中的【工具】→【约束】→【自动约束】菜单项，系统弹出如图 3-32 所示【自动约束】对话框，系统提供了 11 种可自动提示建立的约束，可根据需要选择。图中选择了 5 种约束类型，这样在绘制草图对象时，系统会根据鼠标的移动位置自动显示可能的几何约束符号，此时即可定义相应的几何约束。

图 3-32 【自动约束】对话框

单击【草图约束】工具条中的【自动判断约束】按钮 ![icon]，或单击草图界面中的【工具】→【约束】→【自动判断约束和尺寸】菜单项，系统弹出如图 3-33 所示【自动判断约束和尺寸】对话框，系统自动显示可能的几何约束符号，依赖于此处所做的智能约束设置。系统提供了 14 种几何约束类型，可根据需要进行设置，这样在绘制草图时，系统就可以自动分析对象之间的位置关系，并提示建立这些类型的约束。

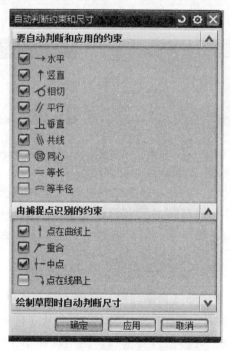

图 3-33　【自动判断约束和尺寸】对话

4. 约束备选解

当对一个草图对象进行约束操作时，同一约束条件可能存在多种解决方案，采用备选解可以从一种解法转到另一种解法。

如图 3-34 所示，当要建立两圆的相切约束时，系统会自动根据两对象相处位置建立起两圆外切（或内切）方式（如图 3-34（b）所示），此时若不符合要求，则单击【草图约束】工具条中的【备选解】按钮 ，则弹出如图 3-35 所示【备选解】对话框。系统提示【选择线性尺寸或几何体】，此时选择图中的圆，则两圆的相切方式会变成另一种方式（如图 3-34（c）所示）。

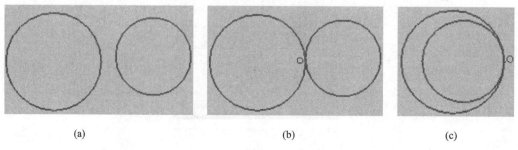

(a)　　　　　　　　　　(b)　　　　　　　　　　(c)

图 3-34　备选约束解示例

图 3-35　【备选解】对话框

5. 显示/删除约束

单击【草图约束】工具条中的【显示/移除约束】按钮，可弹出如图 3-36 所示【显示/移除约束】对话框，通过此对话框可显示当前已存在的几何约束，也可删除不需要的几何约束。

图 3-36　【显示/移除约束】对话框

6. 显示所有约束

单击【草图约束】工具条中的【显示所有约束】按钮，系统将在绘图区显示草图中已建立的所有约束。

7. 转换至/自参考对象

单击【草图约束】工具条中的【转换至/自参考对象】按钮，可弹出如图 3-37 所示【转换至/自参考对象】对话框。利用此框可将草图对象转换为参考对象。对于草图对象来说，根据其作用不同，可分为活动对象和参考对象。活动对象主要用于实体造型；参考对象主要起辅助作用，在绘图区以暗颜色和双点划线显示，不参与实体造型。

图 3－37 【转换至/自参考对象】对话框

8. 创建自动判断的约束

单击【草图约束】工具条中的【创建自动判断的约束】按钮，此时，在草图绘制过程中，系统根据图素绘制时的位置关系，自动判断图素之间的约束关系，并建立其约束。

9. 尺寸约束

尺寸约束的作用在于限制草图对象的大小以及图形对象之间的位置关系。

尺寸约束的种类：尺寸约束主要有 9 种方式，在【草图约束】工具条中可找到相应工具，或单击草图界面中的【插入】→【尺寸】菜单项，也可找到相应工具。

　自动判断的尺寸：系统根据所选不同对象类型和光标与所选对象的不同相对位置，自动判断尺寸类型来创建尺寸约束；

　水平：标注水平方向的长度和距离；

　竖直：标注竖直方向的长度和距离；

　平行：标注两点或斜线之间的距离；

　垂直：标注点到直线的距离；

　成角度：标注两相交或理论相交直线之间的角度；

　直径：标注圆或圆弧的直径；

　半径：标注圆或圆弧的半径；

　周长：标注直线或圆弧的周长。

10. 尺寸约束的修改

执行任何一个尺寸约束命令，或双击已存在的尺寸，均可弹出如图 3－38（a）所示的【尺寸】对话框，该对话框提供了三个工具：

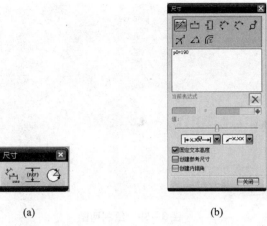

(a)   (b)

图 3-38 【尺寸】对话框

草图尺寸对话框：单击该按钮，尺寸对话框变为如图 3-38（b）所示状态。此时可通过此对话框对尺寸标注的样式、表达式等进行修改。

创建参考尺寸：选中此选项，将创建参考尺寸，参考尺寸是一种非驱动的尺寸。

创建内错角：激活或停用创建内错角选项。

在添加草图约束过程中要注意以下几个问题：

（1）在多个关联对象间添加约束时要注意对象间的关系，如果约束添加不当就会产生错误信息。

（2）添加约束时不要对同一个对象添加重复或相互矛盾的多个约束。

（3）在添加约束时要注意添加的顺序，应对各个对象逐个添加，这样可避免产生过约束。

（4）在对某个对象添加了某种约束后，其后续进行的约束限制应与前面的约束相对应。

任务实施

第一步：启动 UG NX8.0，新建一个模型文件，输入文件名称和保存文件的文件夹名称后，单击【确定】，建立一个新模型文件。

> **小技巧**：由于 UG 不能识别中文，因此在输入文件名称和保存文件夹时，不能出现中文汉字及中文符号。特别是保存文件的路径名称当中也不能出现中文，如【D：\ UGNX \ UG 练习 \ 0001】等。

第二步：在菜单栏单击【插入】→【草图】，或者单击【特征】工具条中的【草图】图标 ，选择默认 XOY 平面为草图平面，确定后进入草图界面。

第三步：使用【圆】工具，在绘图区任意绘制两圆。如图 3-39 所示。

> **小技巧**：在绘图区可不管尺寸和位置，绘制完毕后再用约束来进行确定。

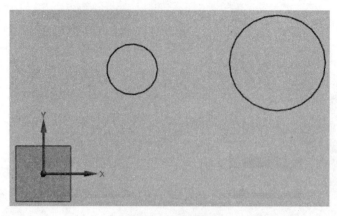

图 3-39 绘制两圆

第四步：使用【直线】工具，在两圆上绘制公切线，如图 3-40（b）所示。在绘制时应注意光标处的提示状态。当提示为相切状态时（如图 3-40（a）所示），再按下鼠标左键确定。

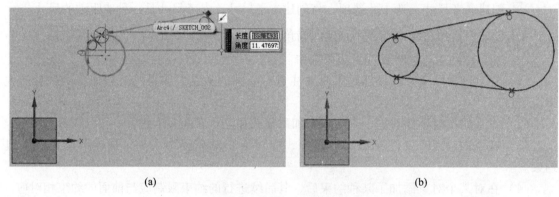

(a)　　　　　　　　　　　　　　　　(b)

图 3-40 绘制两圆公切线

第五步：为了便于今后的实体造型及操作，将大圆的圆心约束到坐标原点上。单击【草图约束】工具条中的【约束】按钮 ，在绘图区中依次选取大圆圆心及 X 轴，出现【点在曲线上】约束符号 ，单击此按钮，将大圆圆心约束到 X 轴上；相同方式操作，再将大圆圆心约束到 Y 轴上，此时大圆的圆心便已约束到坐标原点上。然后将小圆圆心约束到 X 轴上，其结果如图 3-41 所示。

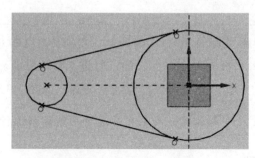

图 3-41 第五步操作结果

第六步：单击【草图约束】工具条中的【自动判断的尺寸】按钮，建立如图 3-42 的尺寸约束。

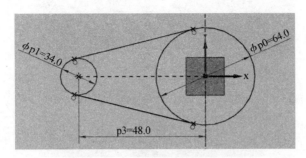

图 3-42　建立尺寸约束后的状态

第七步：再绘制一个圆，将其尺寸约束为 φ14，并建立与 φ34 圆的【同心】几何约束。其结果如图 3-43 所示。

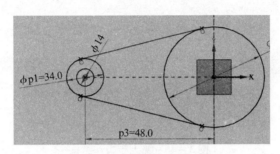

图 3-43　第七步操作结果

第八步：使用【快速修剪】工具，将多余线条修剪掉。结果如图 3-44 所示。

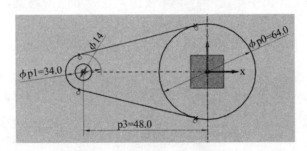

图 3-44　第八步操作结果

第九步：镜像。由于任务图是关于 Y 轴对称，所以可使用【镜像曲线】工具来完成另一部分图形的创建。

单击【草图约束】工具条中的【镜像曲线】按钮 ![镜像曲线(M)]，或单击【插入】→【来自曲线集的曲线】→【镜像曲线】菜单项，均可弹出如图 3-45 所示【镜像曲线】对话框，单击【镜像中心线】中的【选择中心线】按钮，可用鼠标在绘图区中选择对称中心线，本任务中选择 Y 轴为中心线。单击【要镜像的曲线】中的【选择曲线】按钮，则选择需要镜像的曲线，此任务中选择两条公切线、φ14 圆、φ34 圆弧，单击【确定】后，即可完成选定草图对象的镜像，并自动建立【镜像】约束，如图 3-46 所示。

图 3-45 【镜像曲线】对话框

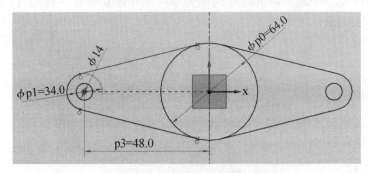

图 3-46 第九步操作结果

第十步：使用【快速修剪】工具，将多余线条修剪掉。完成任务（如图 3-47 所示）。

第十一步：在草图界面中单击 完成草图 按钮，完成草图的绘制，回到三维绘图空间，如图 3-48 所示。

第十二步：单击【文件】→【保存】菜单项，将任务进行存盘。

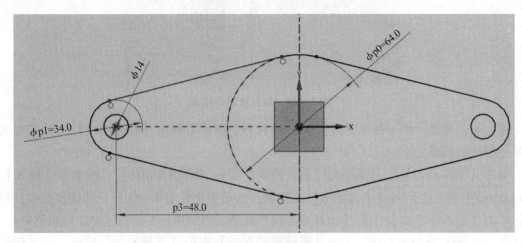

图 3-47 完成后效果

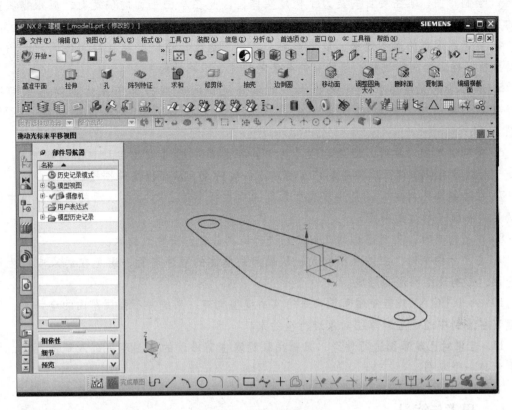

图 3-48 退出草图空间

草图在 UG 的实体模型构建当中起着非常重要的作用，它既可以作为与实体模型相关联的二维图形，也可以作为三维实体造型的基础。本单元由一个实例引入，首先介绍了草图的基本概念，让用户对草图有一个较粗略的认识，然后介绍了草图功能的应用，包括草图的创建、草图的修改编辑、草图的约束等。并通过对本任务草图的绘制练习，进一步巩固了相关内容。

在参数化建模当中，草图应用非常广泛，灵活应用草图功能，可以极大地方便设计工作。但需注意的是，草图对象在大多数时候与实体模型相关联，所以在对草图进行修改时，应注意它对实体模型的影响。

1. 在绘制草图时，一开始可不管草图对象的尺寸和位置，绘制出大体形状，然后通过尺寸、几何等约束处理，形成最后的图形。

2. 在初学者当中最容易产生误解的是：以为草图就是零件图。在此应注意：UG NX 中的草图，一般是为了进行实体的构建，它并不是零件图，因此在尺寸约束等时候，没有太多必要关注标注的形式，只要能清晰、明白即可。

3. 绘制草图，其主要目的是为了构建实体，因此在草图平面的确定时，应根据实体模型的具体情况进行构建或选择。

4. 要完成同样的草图效果，多个草图工具均可达到，这就需要在绘制之间对草图进行认真分析，确定绘制的过程，最终目的是要能快速、准确地绘制。

5. 草图绘制完毕后，一定要将图形的位置定位到一些特殊位置上，如某点与坐标原点共点、某线与坐标轴共线等，这可以极大地方便以后的实体模型构建，应养成习惯。

6. 在绘制草图对象时，应注意让【约束】工具条中的【创建自动判断的约束】按钮处于有效状态，这样可以在绘制中自动建立一些约束，从而提高草图绘制效率。

7. 在绘制草图对象时，应非常注意系统的约束提示，否则会在以后的约束操作中造成不必要的麻烦（如过约束等）。

8. 草图约束时，应对图形的几何关系进行认真分析，避免过约束。

9. 在尺寸约束时，应按从小到大、从局部到总体的顺序进行，避免在约束中产生过大的变形，影响最终图形的形成。

10. 对于 UG NX，若使用草图来进行实体模型构建，系统并不强调草图的全约束，但我们建议在绘制中还是应对草图对象进行全约束。

11. 若想对已建草图进行修改，只需用鼠标双击需修改的草图即可进入草图环境，切不可重新建一个草图。

思考与练习

绘制以下草图，并建立相应约束（见图 3-49 ~ 图 3-52）。

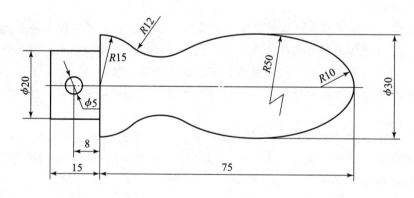

图 3-49　草图一

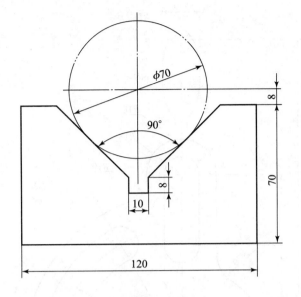

图 3-50　草图二

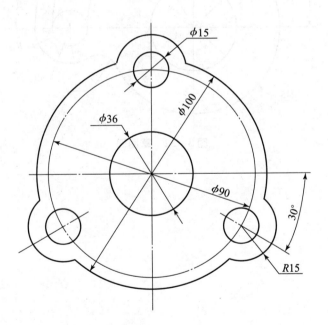

图 3-51　草图三

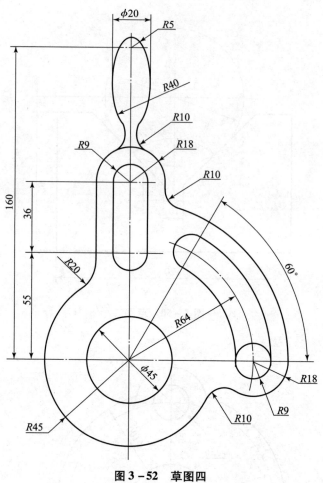

图 3–52　草图四

学习单元四
实体模型创建

 任务　法兰盘造型

任务引入

构建如图 4-1 所示法兰盘模型。

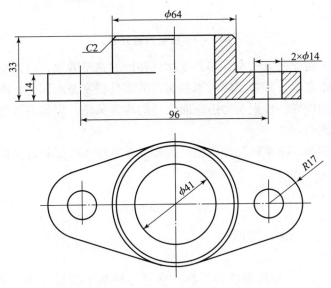

图 4-1　法兰盘结构及尺寸

任务分析

三维模型的构建，重要的是对构建策略的选择，此法兰盘模型的构建可有多种策略来实现，如图 4-2、图 4-3 所示就是其中的两种：

1. 构建方案一

构建侧板（图 4-2（a））：可采取草图拉伸方式；

构建空心圆柱（图 4-2（b））：可通过同心圆草图拉伸、草图旋转等方式构建而成；

形体结合（图 4-2（c））：通过布尔求和方式，或在构建空心圆柱时进行组合；

实体倒角（图 4-2（d））：完成 C2 倒角，完成整个模型构建。

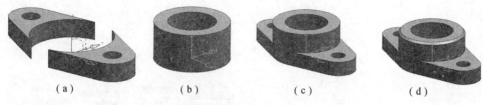

图 4-2　模型构建方案一

2. 构建方案二

构建底板（图 4-3（a））：采取草图拉伸方式；
构建实心圆柱（图 4-3（b））：采取基本形体构建或通过草图拉伸而成；
形体结合（图 4-3（c））：通过布尔求和方式，或在构建实心圆柱时进行组合；
打孔、实体倒角（图 4-3（d））：打出 φ41 孔，倒出 C2 倒角，并完成构建。

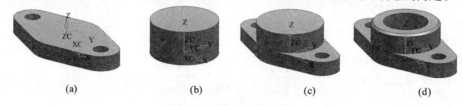

图 4-3　模型构建方案二

对于模型来说，构建的方法有许多，要达到相同的造型效果，可以有许多实现方法，但对于不同的构建策略来说，其造型的效率和实现的难易程度是不同的，所以在建模之前，一定要认真分析模型的构成，找到一种迅速而快捷的构建策略，以提高造型的效率。本任务是以第二种策略来实现的。

通过本任务的学习，应掌握拉伸建模、倒角、布尔求和等工具的操作方法。

相关知识

4.1　任务一相关知识

实体建模是 UG NX 的基础和核心工具，它是一种基于特征和约束的参数化建模技术，系统与用户可以交互建立和编辑复杂的实体模型。

4.1.1　基本概念和术语

特征：是指所有的实体、体和基本体素。
实体：是指封闭成实体的一系列面和边的组合。
片体：是指不封闭成体积的一系列面的组合，是厚度为零的实体。
体：实体和片体的总称。
面：是实体外面由边围成的一个区域。
截面线：定义扫描截面特征的曲线（或实体的边、草图）。
导向线：定义扫描特征扫描路径的曲线（或实体的边、草图）。
在 UG NX 系统中，特征主要有以下几种：

体素特征：是指一些简单的三维实体模型，如长方体、圆柱、球等。利用这些基本体素特征的组合可以创建更加复杂的实体模型。

基准特征：是一种非常有用的辅助设计工具，用于实体建模过程中创建基准平面和基准轴等。

扫描特征：是通过对实体表面轮廓进行拉伸、回转、扫掠等操作来创建实体模型。

成型特征：是指系统提供的一些例如孔、凸台、腔体等特征，这些特征是通过在某个已经存在的实体上添加或去除材料而成。

用户定义特征：是用户按照设计方式自己定义的一些特征类型。

操作特征：是对基本实体特征进行相关的特征操作后生成的一些特征类型。

4.1.2 扫描特征创建——拉伸

将对象（一般是草图构成的截面）按一定直线方向扫掠，从而形成实体的成型方法。

单击【特征】工具条中的【拉伸】按钮 ，或单击【插入】→【设计特征】→【拉伸】菜单项，均可弹出如图4-4所示【拉伸】对话框。

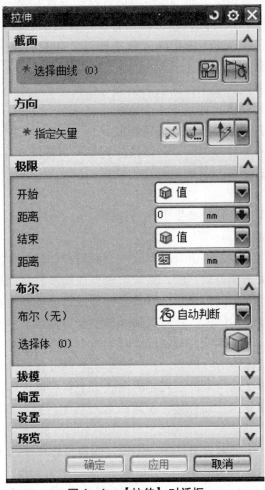

图4-4 【拉伸】对话框

该对话框上各选项的功能如下：

【截面】

用于选取或新绘拉伸截面曲线，它既可以是草图，也可以是一般平面曲线。它提供了两个功能按钮。

绘制截面：单击后启动草图功能，进行草图截面的绘制。

曲线：选取已存在的草图或曲线，系统默认此功能。单击此按钮，此时可用鼠标在绘图区选取曲线。

【方向】

用于指定拉伸的方向。系统提供了两类指定方向的方式：

矢量构造器：单击则可以构建截面拉伸方向矢量。

自动判断的矢量：根据截面位置，自动按与截面所在平面垂直方向进行拉伸。

【极限】

用于设定拉伸的起始面和结束面。系统提供有6种设置方式：

【值】：此选项为系统默认方式，它是以相对于拉伸对象在拉伸方向上的距离来确定起始面和结束面，只需在其后的文本框中输入数值即可。其中，截面所在平面为【0】，沿拉伸矢量正方向为正值，反方向为负值。

【对称值】：沿拉伸方向，在截面曲线的两侧对称拉伸。

【直至下一个】：将拉伸体拉伸到下一个特征。

【直至选定对象】：将拉伸体拉伸到选定特征。

【直到被延伸】：将拉伸体从某一个特征拉伸到另一个特征。

【贯通】：拉伸体通过全部与其理论相交的特征。

【布尔】

用于设定布尔运算模式。系统提供了5种选择：无（实体相对独立，不进行组合）、求和、求差、求交和自动判断。

布尔运算是指将多个实体进行组合，形成一个新组合体的操作方式，它有三种操作，即求和、求差、求交。如果选择自动判断，系统会根据建模步骤自动选择一种布尔运算方式。

根据对结果的影响程度不同，布尔运算将实体分成目标体和刀具体两类。目标体是当进行布尔运算时第一个选择的实体，运算后，其结果加到目标体上，并修改目标体。同一次布尔运算只有一个目标体。刀具体是在布尔运算时第二个及以后选择的实体。它的形状被追加到目标体当中，并构成目标体的一部分。在一次布尔运算可有多个刀具体。

求和：该功能是将两个或两个以上实体组合成一个新实体。如图4-5（a）所示是两上圆柱的原始状态。若选择B圆为目标体，A圆柱为刀具体，则求和后的结果如图4-5（b）所示。

求差：该功能从目标体中减去刀具体的体积，既将目标体中与刀具体相交部分去除，从而形成一个新的实体。其效果如图4-5（c）所示。

求交：该功能是取两个或多个实体的公共部分组成单个实体。其效果如图4-5（d）所示。

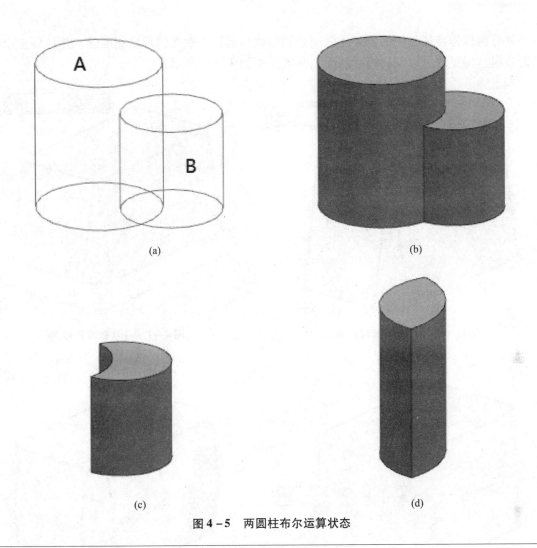

图 4-5　两圆柱布尔运算状态

> **小技巧**：进行布尔运算时，目标体和刀具体必须面接触或体相交。

【拔模】

用于设置拉伸体的拔模角度，其绝对值需小于 90°。共有 6 个【拔模】选项：

【无】：不创建任何拔模。

【从起始限制】：拉伸形状在起始处保持不变，从该固定形状处将拔模角应用于侧面，其效果如图 4-6 所示。

【从截面】：拉伸形状在草图截面处保持不变，从该截面处将拔模角应用于侧面，其效果如图 4-7 所示，虽然拉伸的起始距离不是 0，但是其拔模角度也是从草图所在截面开始计算的。

【从截面-不对称角】：仅当从截面的两侧同时拉伸时可用。其拉伸形状在截面处保持不变，但也会在截面处将侧面分割在两侧，其效果如图 4-8 所示。

【从截面-对称角】：仅当从截面的两侧同时拉伸时可用。其拉伸形状在截面处保持不变。将在截面处分割侧面，且截面两侧的拔模角度相同，其效果如图 4-9 所示。

【从截面匹配的终止处】：仅当从截面的两侧同时拉伸时可用。截面保持不变，并且在截面处分割拉伸特征的侧面。终止限制处的形状与起始限制处的形状相匹配，并且终止限制处的拔模角将更改，以保持形状匹配，其效果如图 4-10 所示。

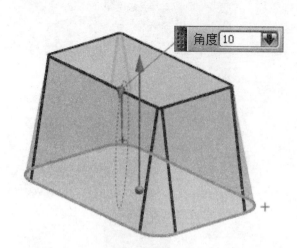

图 4-6 【从起始限制】效果

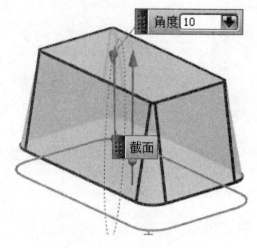

图 4-7 【从截面】效果

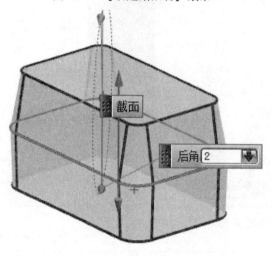

图 4-8 【从截面-不对称角】效果

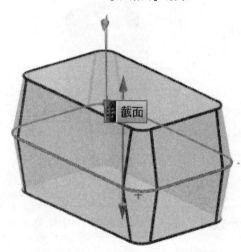

图 4-9 【从截面-对称角】效果

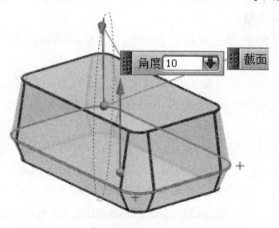

图 4-10 【从截面匹配的终止处】效果

对于每一种【拔模】选项，均有相应的参数选择：

【单个】：为拉伸特征的所有面添加单个拔模角。可在输入框中输入角度，也可在绘图区中拖动角度手柄或在屏幕输入框中输入值来确定。

【多个】：向拉伸特征的每个面相切链指定唯一的拔模角。

【角度】：指定拔模角。

【前角/后角】：仅当【拔模】选项设置为【从截面 – 不对称角】，且角度选项设置为【单个】时可用。允许用户向不对称拉伸特征的前后侧指定单独的角度值，还可以在屏幕输入框中输入值或拖动角度手柄来实现。

【偏置】

用于设置拉伸对象在垂直于拉伸方向上的延伸。共有 4 种方式：

【无】：不进行偏置，如图 4 – 11（a）所示。

【单侧】：在截面曲线内或外按指定的距离偏置出一个新的截面进行拉伸，如图 4 – 11（b）所示。

【双侧】：在截面曲线内和外按指定的距离各偏置一个线圈构成一个中空的截面进行拉伸，如图 4 – 11（c）所示。

【对称】：在截面曲线内外分别按相等距离偏置一个线圈构成中空的截面进行拉伸，如图 4 – 11（d）所示。

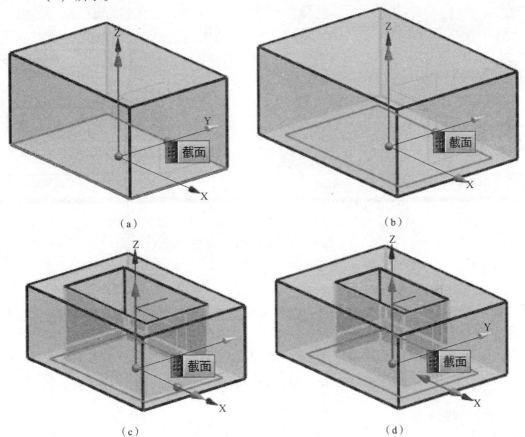

图 4 – 11　偏置选项效果

【体类型】

用于设置封闭截面曲线生成的是实体还是片体。

4.1.3 基本体素特征创建——圆柱体

单击【特征】工具条中的【圆柱】按钮 ，系统弹出如图 4 – 12 所示【圆柱】对话框。

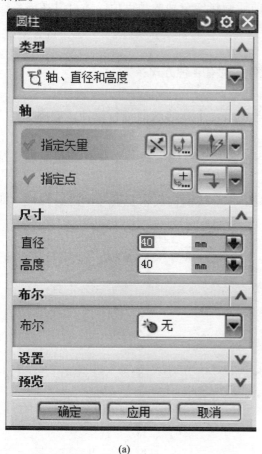
(a)

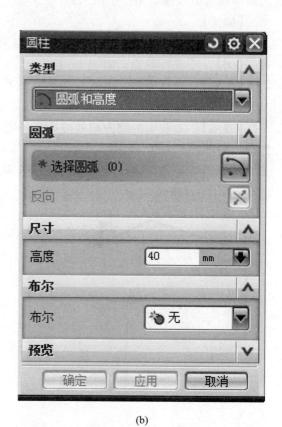
(b)

图 4 – 12 【圆柱】对话框

【类型】

系统提供了两种创建圆柱的方式：

【轴、直径和高度】：此方法是通过圆柱轴向位置、圆柱直径、圆柱的高度三个参数来确定一个圆柱。

此时，系统会自动地以当前工作坐标系的 Z 轴为矢量，若想改变，可单击【轴】中的【指定矢量】按钮 ，在绘图区中另外指定矢量方向和通过点，也可单击 按钮，进行矢量的构建。

【尺寸】

【直径】：指定圆柱的直径，单位 mm。

【高度】：指定圆柱的高度，单位 mm。

【布尔】

同前，此处不再阐述。

【圆弧和高度】：以已知圆弧和输入高度来确定一个圆柱。

选择此项，系统弹出如图 4-12（b）所示【圆柱】对话框。选择一个已存在的实体上的圆（或圆弧），也可以是草图对象，然后在【尺寸】中的【高度】输入框中输入高度值，按【确定】即可创建所需圆柱。

4.1.4 编辑特征——倒斜角

单击【特征操作】工具条中的【倒斜角】按钮，弹出如图 4-13 所示【倒斜角】对话框。

图 4-13　【倒斜角】对话框

【边】：在实体上选择需要倒斜角的边。

【偏置】选项

在【横截面】中有 3 个选项，即系统提供了 3 种创建倒斜角的方式：

【对称】：创建的倒斜角沿两个表面的偏置量是相同的。对称偏置倒角的尺寸参数如图 4-14（b）所示。在其后的【距离】输入框中输入相应倒角距离值（图 4-14 所示），确定即可。该选项用于倒 45°斜角。

【非对称】：创建的倒斜角沿两个表面的偏置量是不同的。非对称偏置倒角的尺寸参数如图 4-15（b）所示。

其后有两个输入框：【Distance1】和【距离 2】（如图 4-15（a）所示），根据需要输入相应数值。输入时在绘图区中会有所提示，应注意。

【偏置和角度】：通过设置偏置量和偏置角度来创建一个倒角。偏置和角度方式倒角的尺寸参数如图 4-16（b）所示。其后有两个输入框：【距离】和【角度】（如图 4-16（a）所示），根据需要输入相应数值。

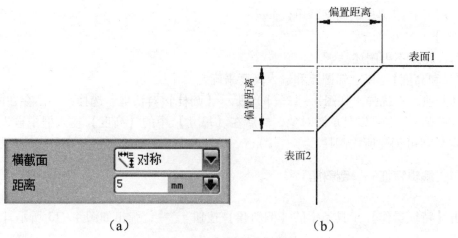

图 4-14 对称方式倒斜角

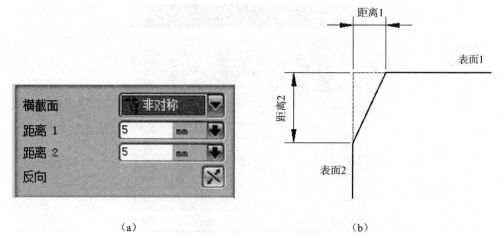

图 4-15 非对称方式倒斜角

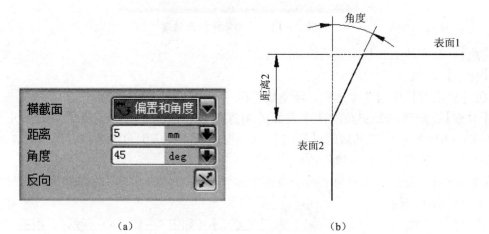

图 4-16 偏置和角度方式倒斜角

4.1.5 成型特征创建—孔

此功能可以在实体模型上用去除材料的方式建立简单孔、沉头孔或埋头孔。这些孔可以是通孔，也可以是盲孔，盲孔的孔底可以是平底也可以是锥形底。

单击【特征】工具条中的【孔】按钮，弹出如图4-17所示【孔】对话框。系统提供了5种孔类型：常规孔、钻形孔、螺钉间隙孔、螺纹孔、孔系列。在此主要介绍【常规孔】类型。

【常规孔】：主要包括简单、沉头孔、埋头孔和已拔模（锥形孔）四种形状。

简单：就是在实体上打直孔，尺寸参数如图4-17所示，其参数的含义如图4-18所示。

其中，【深度限制】选择框有四个选项：值、直到选定对象、直至下一个、贯通体，含义与前面【拉伸】成型中有关参数相类似，在此不再说明。

 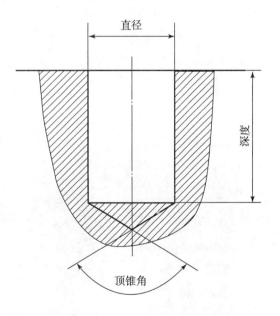

图4-17 【孔】对话框　　　　图4-18 【简单】孔参数含义

沉头孔：用于安装沉头螺栓等零件的孔结构，尺寸参数如图4-19所示，其参数的含义如图4-20所示。

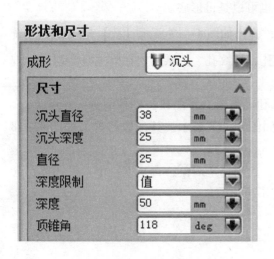

图 4-19 【沉头孔】参数

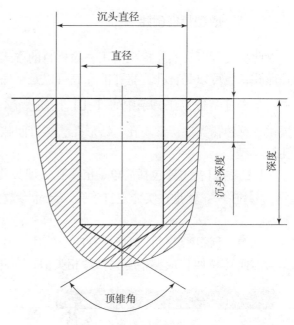

图 4-20 【沉头孔】参数含义

埋头孔：用于安装头部为锥形的螺钉等零件的结构，其尺寸参数如图 4-21 所示，其参数的含义如图 4-22 所示。

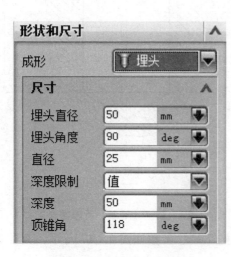

图 4-21 【埋头孔】参数

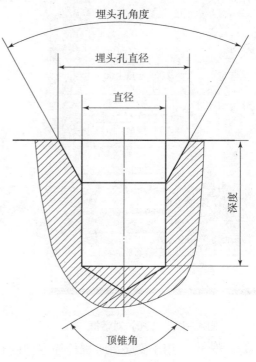

图 4-22 【埋头孔】参数含义

锥形：即在实体上打出锥孔，尺寸参数如图 4-23 所示，其参数的含义如图 4-24 所示。

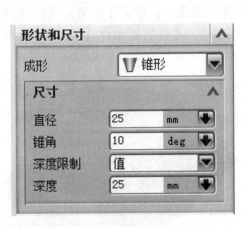

图4-23 【锥形】参数

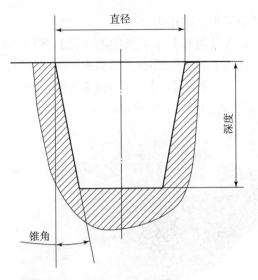

图4-24 【锥形】参数含义

任务实施

第一步：打开文件。

启动 UG NX8.0，打开图 3-1 所示模型文件。

第二步：创建圆柱体。

单击【特征】工具条中的【圆柱】按钮，在【类型】中选择【轴、直径和高度】方式（默认），在【轴】中【指定矢量】为 Z 轴，【指定点】为坐标原点（默认），在【尺寸】中输入圆柱直径为64，高度为33，单击【确定】建立一圆柱。如图4-25所示。

第三步：拉伸建模。

单击【特征】工具条中的【拉伸】按钮，在弹出的对话框中，【截面】选择任务3-1所绘制的草图曲线，【方向】按默认的 Z 向，在【限制】中按图4-26进行设置，在【布尔】中选择【求和】，并选择已创建好的圆柱体，单击【确定】，产生如图4-27所示效果。

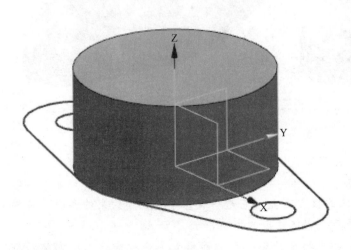

图4-25 构建圆柱

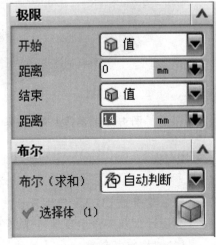

图4-26 底板拉伸参数设置

第四步：创建孔。

单击【特征】工具条中的【孔】按钮，【类型】选择【常规孔】，在【位置】选择时，选择圆柱上端面的圆心（如图4-28所示），【形状和尺寸】中，【成型】选择【简单】，【直径】中输入【41】，【深度限制】选择【贯通体】，【布尔】选择【求差】。单击【确定】，产生如图4-29所示效果。

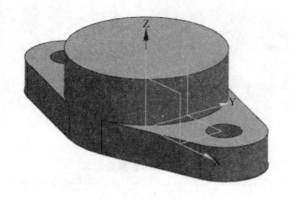

图4-27 第三步操作结果　　　　　　　图4-28 【位置】选择

第五步：倒角。

单击【特征操作】工具条中的【倒斜角】按钮，弹出对话框后，在【边】中选择圆柱上端面外侧圆边为倒角边，设置【横截面】为【对称】，【距离】为【2】，单击【确定】，完成该任务模型的创建，产生如图4-30所示效果。

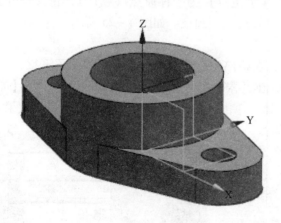 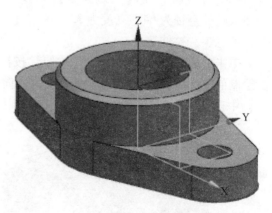

图4-29 第四步操作效果　　　　　　　图4-30 最终结果

特征建模是UG NX三维设计技术的核心功能，它是一种基于特征和约束的参数化建模技术。通过本任务，主要学习了以下几个实体建模的命令。

1. 扫描特征创建——【拉伸】：拉伸特征是将一个截面沿着矢量拉伸而形成实体特征的方法。创建出的实体与截面、矢量等完全相关，任意进行改变后，实体特征均会自动更新。在拉伸之前，需对截面进行准备，一般可采取草图形式。该命令主要用于构建具有一定截面形状的柱状（或台状）结构的实体。

2. 基本体素——【圆柱】：主要用于构建圆柱实体，通过用户指定圆柱直径、高度、矢量、位置等参数产生一个圆柱实体。

3. 编辑特征——【倒斜角】：通过对倒角角度、距离等参数设置，将实体表面间以斜角方式过渡。此特征不能单独存在，必须依赖于实体。

4. 成型特征创建——【孔】：孔是机体零件上最为常见的结构，此命令可在已存在的实体上构建出直孔、阶梯孔、埋头孔等多种形式的圆柱孔和锥孔；可以是通孔，也可以是盲孔，对于盲孔的孔底可以是平底也可以是锥形底。

5. 实体的结合——【布尔操作】：通过布尔运算，可以将一系列简单实体组合成为一个复杂的形体。

1. 实体模型的构建，最重要的是对构建策略的选择，不同的构建策略，意味着不同的构建难度和效率，因此在构建之前一定要对形体进行详细分析，寻找到最简洁和高效的构建方法。

2. 在使用拉伸命令之前，一般需准备好截面。截面的准备常常使用草图，而用于拉伸实体的截面草图，其轮廓应是封闭的，若是开放的轮廓，只能拉伸出片体。另外截面草图的线框对象不能有交叉，以免产生【自交体】错误，而无法拉伸成型。

3. 拉伸矢量方向只能与截面所在平面相垂直，因此在构建截面时应注意其所在平面。

4. 初学者容易犯的一个错误是完全按零件图的结构将所有截面绘制在一个草图当中，这将无法进行造型，因在拉伸时，系统将一个截面草图只作为一个整体进行选择，因此在构建时要根据模型结构，构建多个截面草图，分别进行拉伸构建。

5. 布尔运算既可在拉伸过程中进行，也可在拉伸后单独用布尔运算进行处理。但显然在拉伸过程中建立，其效率要高得多。

6. 对于实体特征的编辑功能，如倒斜角、边倒圆等，应在主体模型完成后，最后再进行处理。

7. 对于实体当中的直孔，若是独立的（如此任务当中底板两侧的圆孔），则可在截面草图中绘出，在拉伸后直接产生，这样可提高构建效率。

任务二　带轮造型

任务引入

构建如图 4 – 31 所示带轮。

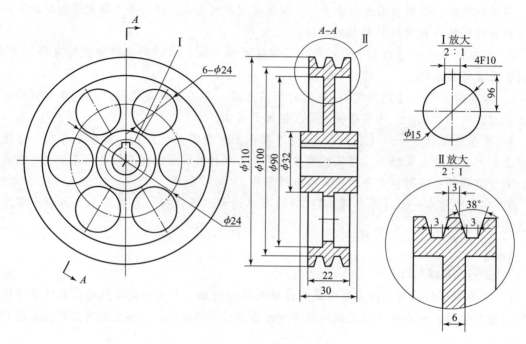

图 4-31 带轮结构尺寸

任务分析

从整体结构来看，该带轮是一回转体，因此可采用截面回转成型的方法来构建主体部分。

从构建方法来看，模型的构建方式也有多种，本任务我们采用如下造型过程：

构建带轮主体（图4-32（a））：通过草图截面【回转】造型方式构建。

构建带轮辐板上的孔（图4-32（b））：在辐板上创建出一个孔，可通过成型特征中的【孔】方式或通过草图拉伸方式均可。

构建带轮辐板上其余的孔（图4-32（c））：通过特征操作中的【实例特征】方式构建。

构建带轮键槽轴孔（图4-32（d））：通过草图拉伸方式构建。

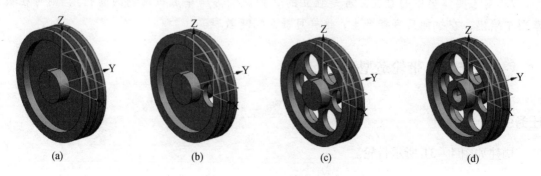

图 4-32 带轮造型过程

通过本任务的学习，掌握回转建模、实例特征等工具的操作，进一步巩固草图、拉伸造型、孔、布尔差等工具的操作方法。

相关知识

4.2 任务二相关知识

4.2.1 扫描特征创建——回转

此工具可以使截面曲线绕指定轴回转一个非零角度，从而创建一个回转或部分回转的特征。

单击【特征】工具条的【回转】按钮 ，或在菜单栏中选择【插入】→【设计特征】→【回转】，系统弹出如图 4-33 所示【回转】对话框。

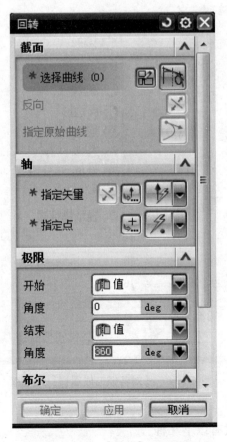

图 4-33 【回转】对话框

【截面】
【选择曲线】：在绘图区选择用于回转的截面曲线或截面草图。

【轴】：选择旋转体的回转中心。
【限制】：输入回转的角度值。
其余各选项的意义与【拉伸】相类似，本处不再详述。

4.2.2 特征操作——实例特征

单击【特征】工具条的【对特征形成图样】按钮 ，或在菜单栏中选择【插入】→【关联复制】→【对特征形成图样】，系统弹出如图 4-34 所示【对特征形成图样】对话框。

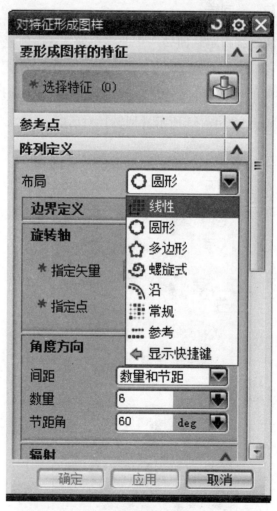

图 4-34 【对特征形成图样】对话框

该对话框上的阵列方式有以下几种：

线性：即矩形阵列，该功能是将指定的已存在的特征按指定的矩形进行复制，形成二维或一维的矩形排列。如图 4-35、图 4-36 所示。

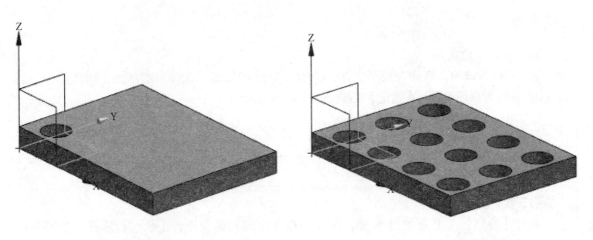

图 4-35 原始对象　　　　　　　图 4-36 线性布局的结果

○ **圆形**：即环形阵列，该功能将指定的特征绕指定的轴按环形分布。如图 4-37、图 4-38 所示。

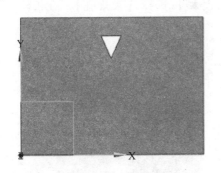
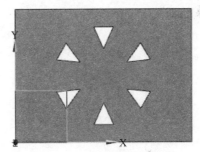

图 4-37 原始对象　　　　　　　图 4-38 圆形布局的结果

○ **多边形**：该功能将指定的特征分布于指定的多边形各条边上。

○ **螺旋式**：该功能将指定的特征分布于指定的螺旋线上。

○ **沿**：该功能将指定的特征分布于指定的曲线上。

○ **常规**：该功能将指定的特征分布于现有的点上。

○ **参考**：该功能将指定的特征按现有图样的定义来进行分布。

在以上的实例引用过程中均可在对话框的【图样形成方法】一栏中选择【变化】或【简单】方法，如图 4-39 所示。【变化】方法使得引用的特征随分布的位置其方位发生变化，如图 4-38 中的引用结果；【简单】方法得到的引用特征方位不发生变化。

图 4-39 设置图样形成方法

任务实施

第一步：新建文件。

启动 UG NX8.0，新建一模型文件，单击【草图】按钮，在弹出的草图平面选择中，选择 YOZ 平面为草图平面，【确定】后进入草图绘制界面。

第二步：绘制草图。

根据任务二相应尺寸，绘制封闭的截面曲线，并进行相应的约束，如图 4-40 所示。

> **小技巧**：在截面绘制时，注意只绘制断面形状，而且只能以旋转轴为界绘制一半。

第三步：创建回转体。

单击【特征】工具条的【回转】按钮，在弹出的对话框中，【截面】选择已绘制好的草图，【轴】选择 Y 轴为旋转中心，【限制】中，开始角度输入 0，结束角度输入 360，单击【确定】，则可产生如图 4-41 效果。

第四步：创建孔特征。

单击【特征】工具条中的【孔】按钮，【类型】选择【常规孔】，在带轮的辐板上创建一直径为 24 的通孔。如图 4-42 所示效果。

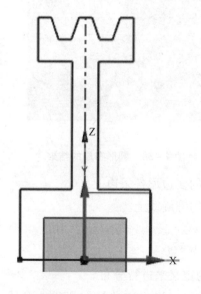

图 4-40 绘制截面曲线

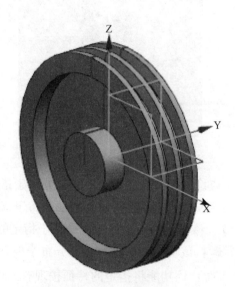

图 4-41 回转操作结果

第五步：圆形阵列。

单击【特征操作】工具条的【实例特征】按钮，选择孔特征作为阵列对象，在弹出的【实例特征】对话框中选择【圆形阵列】，按图 4-38 所示设置好参数，创建出圆形孔阵列。完成后的效果如图 4-43 所示。

第六步：绘制草图。

单击【草图】按钮，在 XOZ 平面上创建一个草图。绘制键槽孔曲线，并进行相应的尺寸和几何约束，完成该草图的创建。如图 4-44 所示。

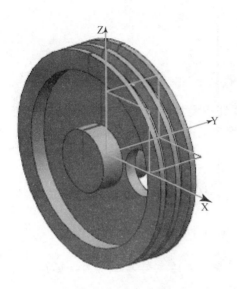

图 4-42 创建孔后的效果

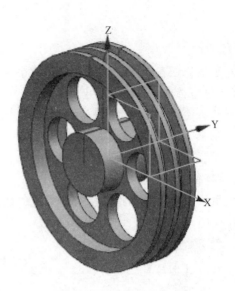

图 4-43 圆形阵列后效果

> **小技巧**：在草图平面选择时，若无法看见或选中 XOZ 平面时，可将模型的【渲染样式】改为【静态线框】，这样就能进行选择了。其操作过程为：右击鼠标，在弹出的快捷菜单中，选择【渲染样式】→【静态线框】即可。

第七步：创建键槽。

单击【特征】工具条的【拉伸】按钮，在弹出的对话框中，【截面】选择已绘制好的键槽孔草图曲线；【轴】选择 Y 轴为拉伸矢量；【限制】中，开始和结束中均选择【贯通】；【布尔】中选择【求差】，在【选择体 1】中选择已创建的带轮主体；单击【确定】，则可产生如图 4-45 所示效果，从而完成带轮模型的构建。

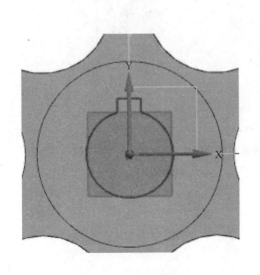

图 4-44 键槽草图

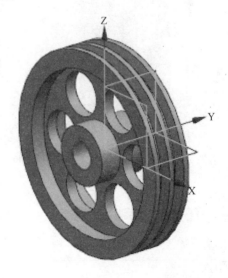

图 4-45 创建好的零件模型效果图

通过带轮任务，主要学习了以下两个相关命令：

1. 扫描特征——【旋转】

旋转命令主要应用在回转体的构建上。通过指定旋转截面、旋转轴、回转角度，即可完成回转类实体的构建。另外由于回转角度可进行定义，所以还可构建具有回转特征的实体。

2. 特征操作——【实例特征】阵列

利用该命令可实现指定特征的有规律的复制，实现矩形、圆形阵列。

在利用【回转】工具进行模型构建时，最重要的是绘制好草图截面，在草图截面绘制时应注意以下4点：

1. 用于进行回转操作时的截面，只能按断面来绘制。如本任务中，其截面只能绘制成如图4-46（a）所示，而不能绘制成如图4-46（b）形式。

2. 对于一些由于回转形成的平面投影而成的线也不能绘制，如此截面也不能绘制成如图4-46（c）的形式，否则在回转时会出现错误提示，无法回转成模型。

3. 对于截面中的任何图线，均不得超过回转中心，否则也无法回转成型。如本例中，对于中心圆柱两侧面，在绘制时采取了两点约束在YC轴上，确保其不超出YC轴线。

4. 旋转方向由右手法则判定，右手大拇指的方向与旋转轴箭头方向一致，四指方向即为截面曲线的旋转正方向。

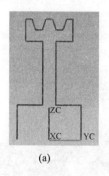　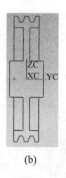　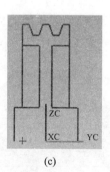

(a)　　　　　　　　　　(b)　　　　　　　　　　(c)

图4-46　回转截面绘制形式

任务三　手柄造型

任务引入

构建如图4-47所示手柄模型。

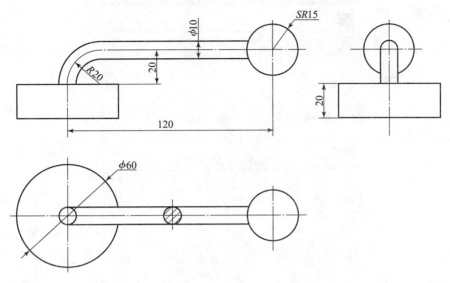

图 4-47 手柄结构及尺寸

任务分析

该模型是由三个部分构成：圆柱、球体、连接杆。对于圆柱底座和球体，可使用基本体素形式来进行创建。当然，也可使用草图进行扫描特征方式构建，但这种方法效率较低。对于连接杆，它是一个圆形截面沿某个路径进行扫掠而成，因此本任务中，采取扫掠特征中的【沿引导线扫掠】来构建。

通过本任务的学习，掌握【沿引导线扫掠】、基本体素——球体等工具的操作，进一步巩固前面所学各工具的操作。

相关知识

4.3 任务三相关知识

4.3.1 扫描特征——沿引导线扫掠

此工具允许用户通过沿着由一个或一系列曲线、边或面构成的引导线串（路径）拉伸开放的或封闭的边界草图、曲线、边缘或面来创建单个体。它只允许用户选择一条引导对象的截面线串和引导线串。

单击【特征】工具条的【沿引导线扫掠】按钮 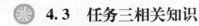，或选择【插入】→【扫掠】→【沿引导线扫掠】菜单，系统弹出如图 4-48 所示【沿引导线扫掠】对话框。

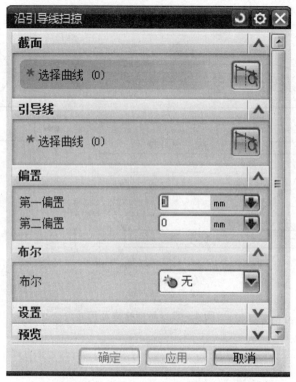

图 4-48 【沿引导线扫掠】对话框

【截面】：选择作为扫掠体的截面线串。
【引导线】：选择作为扫掠体引导线串。
【偏置】：与【拉伸】工具当中的【偏置】功能相同。
其余选项与【拉伸】工具相同。
如图 4-49（a）所示为已准备好的截面和引导线，图 4-49（b）为扫掠后的效果。

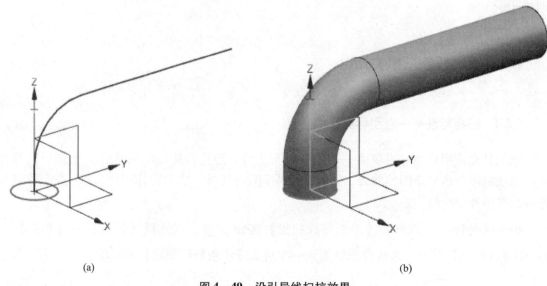

(a)   (b)

图 4-49 沿引导线扫掠效果

> 小技巧：引导路径一般要求必须是光顺的、切向连续的，引导路径上的圆弧半径对于截面曲线而言不能太小，以免发生【自相交】错误。

4.3.2 基本体素——球体

单击【特征】工具条的【球】按钮 ![球按钮]，弹出如图4-50所示【球】对话框。

【类型】

系统提供了两种创建球体的方法：

【中心点和直径】：根据球体中心点和球体直径来创建球体。

【圆弧】：选择已存在的一个圆弧，系统根据圆弧的中心和圆弧的半径来创建球体。

任务实施

第一步：新建文件。

启动 UG NX8.0，新建一模型文件，单击【草图】按钮，在弹出的草图平面选择中，选择 YOZ 平面为草图平面，【确定】后进行草图绘制界面。

第二步：绘制引导线。

图4-50 【球】对话框

根据任务所给的相应尺寸，绘制引导路径曲线，并进行相应的约束，如图4-51所示。

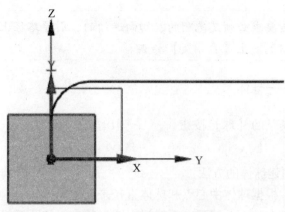

图 4-51　引导线草图曲线

第三步：绘制界面线。

单击【草图】按钮，在弹出的草图平面选择中，选择 XOY 平面为草图平面，【确定】后进入草图绘制界面。绘制一直径为 10 的截面曲线，并将其圆心约束到坐标原点处，完成后，退出【草图】界面，进入三维绘图空间。绘制 $\phi 10$ 截面曲线，也可使用空间曲线形式进行，而不必使用【草图】。完成后的效果如图 4-52 所示。

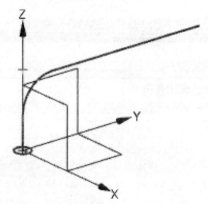

图 4-52　已完成的截面和引导线

第四步：扫掠特征。

单击【特征】工具条的【沿引导线扫掠】按钮，选择 $\phi 10$ 圆形曲线为截面，选择好引导路径后，创建出连接杆。完成效果如图 4-53 所示。

第五步：创建球体。

单击【特征】工具条的【球】按钮，使用【中心点和直径】方式创建球体，中心点选择引导路径线的最右端点，直径设为 30，在【布尔】中选择【求和】，并选择已创建好的连接杆为目标体。

第六步：创建圆柱体。

单击【特征】工具条的【圆柱】按钮，【类型】选择【轴、直径和高度】方式，以 ZC 为矢量，在【尺寸】中输入直径 60、高度 20，在【布尔】中选择【求和】，并选择已创建好的连接杆与球为目标体，完成后的结果如图 4-54 所示。

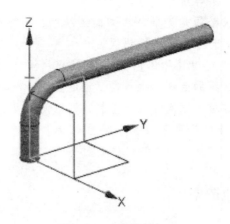

图 4-53 扫掠特征

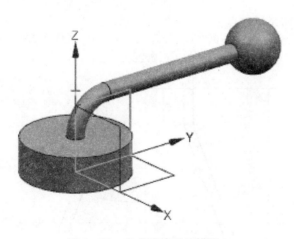

图 4-54 完成后的手柄模型

通过本任务,主要学习了以下两个实体建模相关命令:

1. 扫描特征——【沿引导线扫掠】

此工具允许用户通过沿着由一个或一系列曲线、边或面构成的引导线串(路径)拉伸开放的或封闭的边界草图、曲线、边缘或面来创建单个体。它只允许用户选择一条引导对象的截面线串和引导线串。

2. 基本体素——球体

此工具主要用于在三维空间中创建一个球体,用户可以通过指定球体中心及直径来创建球体,也可通过一个已存在的弧来进行球体的创建。

1. 在使用【沿引导线扫掠】工具时,应注意:

（1）截面所在平面应与引导线相垂直。

（2）引导路径一般要求必须是光顺的、切向连续的，引导路径上的圆弧半径对于截面曲线而言不能太小，以免发生【自相交】错误。

（3）若【体类型】中设定为【片体】，也可创建出片体。

（4）引导路径可以是二维的曲线，也可是三维的空间曲线。

（5）若想对扫掠体的方位、比例等进行控制，则应使用【扫掠】工具。

2. 本任务中，对于连接杆除可用【沿引导线扫掠】构建外，还可以使用【扫掠】或【管道】命令来完成。

任务四 锥形瓶造型

任务引入

构建如图 4-55 所示锥形瓶。

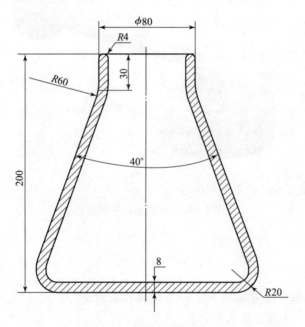

图 4-55 锥形瓶结构及尺寸

任务分析

该模型为一壁厚为 8 的回转锥形结构，壁厚均匀，瓶口倒圆。可先构建出其断面草图，然后采用【回转】方式完成瓶主体。另外还可利用【抽壳】将实心物体按照指定厚度生成中空的物体。

通过本任务的学习，掌握【抽壳】、【边倒圆】等工具的操作，进一步巩固前面所学各工具的操作。

相关知识

4.4 任务四相关知识

4.4.1 偏置/缩放——抽壳

抽壳是利用去除材料的方法建立一个壳体特征。当在零件部件上的一个面上应用抽壳功能时，系统会掏空零部件的内部，去除指定的面，在其他面上生成薄壁特征。

单击工具条中的【抽壳】按钮 ，系统弹出如图 4-56 所示【抽壳】对话框。在该对话框中的选项含义如下：

【类型】：系统提供了两种抽壳类型。

【移除面，然后抽壳】：移除指定的平面，然后进行抽壳操作。

【抽壳所有面】：对实体进行抽壳，生成一个空心实体，不移除任何表面。

当【类型】中选择了【移除面，然后抽壳】，对话框如图 4-56（a）所示。

【要冲裁的面】：在绘图区用鼠标选取已存在实体中要移除的面，选取的面将被去除。

(a)　　　　　　　　　　　　(b)

图 4-56　【抽壳】对话框

如图 4-57（a）所示为原始状态，图 4-57（b）为选择上端面为【要冲裁的面】，图 4-57（c）为确定后的效果。此时，选择的圆柱上端面已被移除，其余部分形成壁厚均匀的壳体。

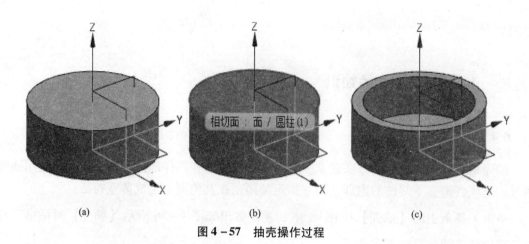

图 4-57 抽壳操作过程

当【类型】中选择了【对所有面抽壳】，其【壳单元】对话框如图 4-56（b）所示。

【要抽壳的体】：在绘图区用鼠标选取需抽壳的实体。确定后，会生成一个空心实体，所有面均保留。

【厚度】：输入壳体的壁厚。

【备选厚度】：可以对不同位置设置不同的壁厚。如图 4-58（a）所示为未设置备选厚度时的状态，壳体壁厚是均匀的；图 4-58（b）为设置了【备选厚度】，将圆柱底面设为不同厚度的情况。

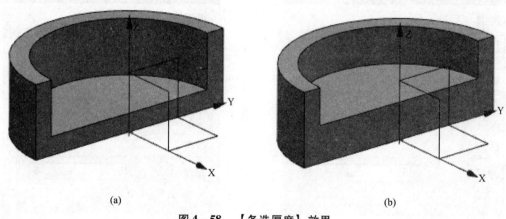

图 4-58 【备选厚度】效果

4.4.2 编辑特征——边倒圆

该工具是在实体的过渡边上倒圆角，即以圆角方式过渡，该特征不能单独存在。单击工具条中的【边倒圆】按钮 ，弹出如图 4-59 所示【边倒圆】对话框。

由于变半径等边倒圆应用较少，所以本处只介绍恒半径边倒圆。

【要倒圆的边】：选择需要进行倒圆角的边。

【半径1】：输入恒定圆角的半径。

此时，若单击【确定】，即可进行恒定半径边倒圆操作，如图 4-60 所示。

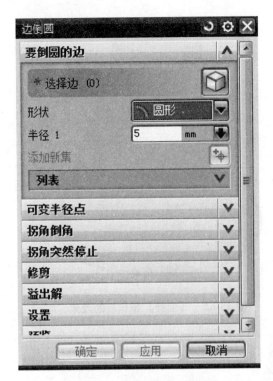
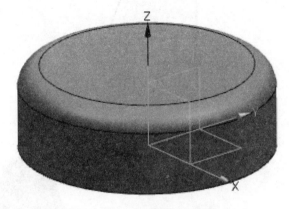

图 4 – 59 【边倒圆】对话框　　　　图 4 – 60　恒半径边倒圆效果

另外，还可以选择第一个边集，并指定相应的圆角半径后，通过单击添加新集来完成一个集合，系统允许添加任意多个边集，并给每一边一个唯一的半径值，【确定】后完成所有所选边集的边倒圆操作。

任务实施

第一步：新建文件。

启动 UG NX8.0，新建一模型文件，单击【草图】按钮，在弹出的草图平面选择中，选择 YOZ 平面为草图平面，【确定】后进入草图绘制界面。

第二步：绘制草图。

根据任务所给的相应尺寸，绘制锥形瓶截面，并进行相应的约束，如图 4 – 61 所示。完成后单击【完成草图】，回到三维绘图空间。

第三步：回转造型。

单击【特征】工具条的【回转】按钮，在弹出的对话框中，【截面】选择已绘制好的草图，【轴】选择 ZC 轴为旋转中心，【限制】选项中，开始角度输入 0，结束角度输入 360，单击【确定】，则可产生如图 4 – 62 效果。

第四步：抽壳。

单击【特征操作】工具条中的【抽壳】按钮，弹出对话框后在【类型】中选择【移除面，然后抽壳】，选择瓶体上表面为【要冲裁的面】，在厚度中输入 8，单击【确定】，完成抽壳操作，其效果如图 4 – 63 所示。

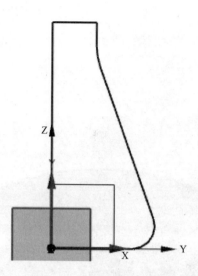

图 4-61 锥形瓶截面草图

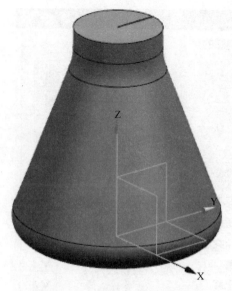

图 4-62 【回转】操作后的效果

图 4-63 【抽壳】后效果

第七步：倒圆角。

单击工具条中的【边倒圆】按钮，在【半径1】输入框输入圆角半径4，选择瓶口的两条边为【要倒圆的边】，如图4-64所示。确定后即可完成该锥形瓶的构建。完成后的效果如图4-65所示。

图 4-64 选择倒圆边

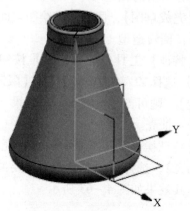

图 4-65 完成后效果

1. 特征操作——【抽壳】

抽壳主要针对壁厚均匀的空心实体,当然也可以在不同位置设置不同的厚度。它可以掏空零部件的内部、去除指定的面、在其他面上生成薄壁特征等。

2. 编辑特征——【边倒圆】

该工具是在实体的过渡边上倒圆角,即以圆角方式过渡,该特征只能在已存在的实体上进行操作,不能单独存在。

1. 抽壳是针对已存在实体进行的处理,它依据已存在实体的轮廓形状来构建内部(或外部)结构,因此在应用抽壳命令前应注意实体形状。

2. 使用抽壳命令中,应注意抽壳厚度的方向。

3. 选择【要冲裁的面】时,可选择多个移除面,形成开放形态。

4. 边倒圆操作时,要注意倒圆半径的选择,半径太大,系统将无法进行倒圆操作,并且会产生错误提示。

5. 当在多个相交面之间倒圆角时,要注意操作顺序,以免产生不期望的结果。

任务五 螺栓造型

任务引入

完成如图 4-66 所示螺栓造型。

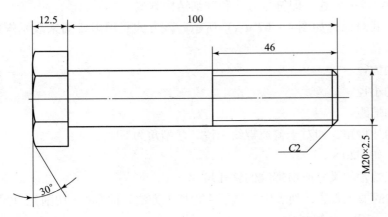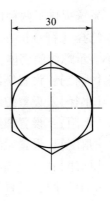

图 4-66 螺栓结构及尺寸

任务分析

该螺栓由六边形的螺栓头和带螺纹的圆柱两个部分构成,可按如下步骤进行构建:

1. 螺栓头主体——六棱柱。构建六边形草图,使用【拉伸】完成螺栓头主体创建。

2. 对六棱柱端部进行倒锥。有两种方式,一种方式是可构建一锥面,采取【修剪体】的方式来完成;另外还可以构建一锥体实体,采取布尔求交的方式完成。为了学习更多的工具,本任务主要介绍采取构建锥面,然后采用【修剪体】的方式来完成。对于另一种方式也做简单介绍,以便进行对比。

3. 构建右侧的螺栓杆主体。它是一个圆柱,可采取草图拉伸,也可用基本体素方式构建出圆柱主体。

4. 构建螺纹特征。将已构建好的圆柱端面倒斜角,然后用【螺纹】工具处理。

通过本任务的学习,掌握螺纹、修剪体等工具的操作,进一步巩固前面所学各工具的操作。

相关知识

4.5 任务五相关知识

4.5.1 设计特征——螺纹

该工具主要用于在圆柱体、圆台、扫描实体或孔中构建螺纹结构,可创建内、外螺纹。

单击工具条中的【螺纹】按钮 ,或选择菜单【插入】→【设计特征】→【螺纹】,系统弹出如图 4-67 所示【螺纹】对话框。

系统提供了两种创建螺纹的方式,即符号方式和详细结构方式。

选择【符号】方式,其对话框如图 4-67(a)所示。该方式是用虚线圈来表示螺纹,而不显示螺纹的实体。

【大径】:设置螺纹的大径。

【小径】:设置螺纹的小径。

【螺距】:设置螺纹的螺距。

【角度】:设置螺纹的牙型角,如对于普通螺纹来说,牙型角为 60°。

【标注】:标记螺纹,如 M20×1。

【轴尺寸】:设置外螺纹轴的尺寸或内螺纹的钻孔尺寸。

【Method】:指定螺纹的加工方法,列表中提供了 4 种加工方法,即 Cut(切削)、Rolled(滚压)、Ground(磨削)、Milled(铣削)。

【Form】:用于指定螺纹的种类。

【螺纹头数】:指定螺纹的线数。

【锥形】:选中此项,则构建锥度螺纹。

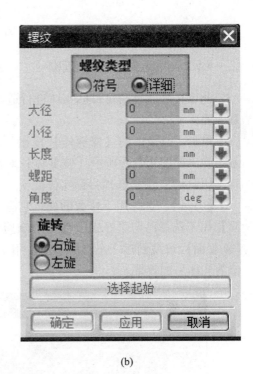

(a)　　　　　　　　　　　　　　　　(b)

图 4-67　【螺纹】对话框

【完整螺纹】：选中此项，则在整个圆柱上攻螺纹，螺纹的长度随圆柱面的改变而改变。
【长度】：设置螺纹的长度尺寸。
【手工输入】：选中此项，则进行手工设置螺纹的各参数。
【从表格中选择】：单击此按钮，则系统弹出一对话框，提示用户从螺纹列表中进行选择。
【旋转】：用于设置螺纹的旋向，有左旋和右旋。
【选择起始】：选择一个平面作为螺纹的起始面。

选择【详细】方式，其对话框如图4-67（b）所示。该方式显示螺纹的真实实体。其参数同上，此处不再详述。两种螺纹方式如图4-68所示，图4-68（a）为符号方式，图4-68（b）为详细方式。

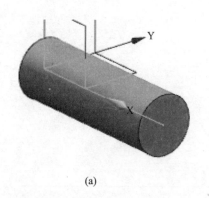
(a)

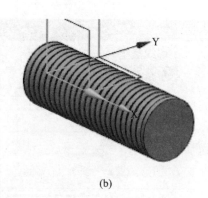
(b)

图 4-68 螺纹方式

4.5.2 特征操作——修剪体

此工具是通过面对目标实体进行适当的修剪，作为修剪的工具，既可以是平面，也可以是曲面。

单击工具条中的【修剪体】按钮 ▦，或选择【插入】→【修剪】→【修剪体】菜单，系统弹出如图 4-69 所示【修剪体】对话框。

【目标】：用于选择目标实体。

【刀具】：选择用于修剪的面，它有两个选项，即【面或平面】和【新平面】。【面或平面】用于选择已构建好或已存在的修剪面。可根据预览情况，单击 ⊠ 按钮进行反向操作；【新平面】可现创建一个修剪平面，用于实体的修剪。如图 4-70 所示为以 XOZ 基准平面来修剪实体后的效果。

图 4-69 【修剪体】对话框

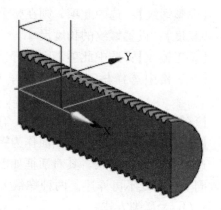

图 4-70 修剪后的效果

任务实施

第一步：新建文件。

启动 UG NX8.0，新建一模型文件，单击【草图】按钮，在弹出的草图平面选择框中，选择 YOZ 平面为草图平面，【确定】后进入草图绘制界面。

第二步：创建草图。

由于在草图环境中，系统没有构建多边形的工具，因此需根据几何关系自行绘制多边形。使用【圆】工具，绘制一圆，约束其圆心到坐标原点，并约束其直径为 30；再用【直线】工具，任意绘制直线，约束直线与 Y 轴夹角为 60°，并约束其与圆相切，如图 4 – 71 所示。

第三步：移动对象。

选择【编辑】→【移动对象】菜单，系统弹出如图 4 – 72 所示【移动对象】对话框。

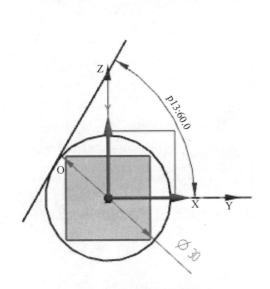

图 4 – 71 绘制圆及直线

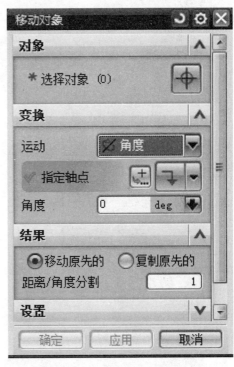

图 4 – 72 【移动对象】对话框

【对象】：选择需进行变换处理的对象。此处用鼠标在绘图区选择已绘制好的直线。

【变换】：设置变换的形式和相关参数。

【运动】：系统提供了 7 种变换形式：

【距离】：按指定矢量方向和距离，移动或复制选定对象。根据【结果】当中的设置，可进行移动；若是复制，则类似于一行多列的矩形阵列，可将选定对象向矢量方向阵列多个。选择此项，变换列表如图 4 – 73（a）所示，可按要求指定移动或复制的方向矢量，并输入距离值。

【角度】：按指定的轴点和角度进行移动或复制选定对象。若【结果】设置为复制，则类似于圆形阵列。选择此项，变换列表如图4-73（b）所示，可按要求指定旋转中心轴点，并输入角度值。

【点之间的距离】：由指定矢量定义的线性距离，该矢量始于原点而止于测量点。初始距离是起点与测量点之间的总长度。要移动对象，则必须手动输入不同的值。变换列表如图4-73（c）所示。

【点到点】：两点之间的平移。变换列表如图4-73（d）所示。

【根据三点旋转】：绕枢轴点和从起点到终点的一个指定矢量旋转。变换列表如图4-73（e）所示。

【将轴与矢量对齐】：变换列表如图4-73（f）所示。

【动态】：采取手工或精确重定位对象的CSYS操控器。变换列表如图4-73（g）所示。

(a)

(b)

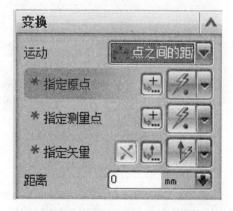

(c)

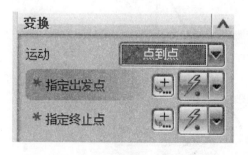

(d)

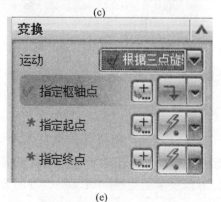

(e)

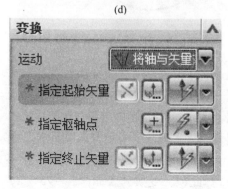

(f)

(g)

图 4-73 不同【运动】选项的变换列表

【结果】列表框：

【移运原选的】：将对象重定位到新的位置，即移动。

【复制原选的】：在新位置复制对象，同时将原对象保持在初始位置。【距离/角度分割】：将总线性距离或总角度分割为指定的数目。

【非关联副本数】：创建指定数目的副本，且副本与原对象之间无关联。仅在选择【复制原选的】时可用。

选择【运动】方式为【角度】，按图 4-72 所示设置好相应参数，确定后即可复制出 5 条直线，形成如图 4-74 所示效果。

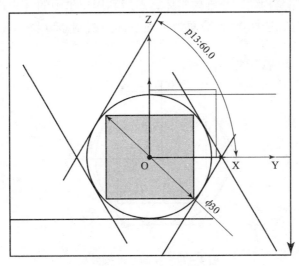

图 4-74 变换后的效果

第四步：修剪草图。

使用【快速修剪】工具，将多余线条修剪掉。鼠标选中圆，按右键，在弹出的快捷菜单中选择【转换至/自参考对象】，将圆转成【自参考对象】，如图 4-75 所示。处理完毕后，选择【完成草图】，结束草图绘制。

第五步：创建拉伸体。

使用【拉伸】工具，将该草图构成的截面拉伸为长度为 12.5mm 的六棱柱。如图 4-76 所示。

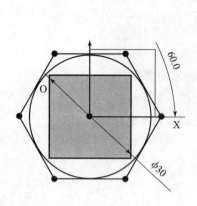
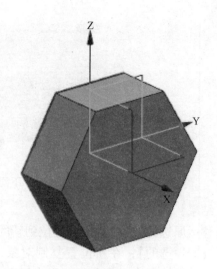

图 4-75 已修剪好的草图　　　　　图 4-76 拉伸后的效果

第六步：倒锥。

对六棱柱进行倒锥处理。此处我们使用两种方法来实现。

<u>方法一：</u>

本方法的基本思路是构建一个锥体实体，然后利用布尔中的【求交】来实现。

(1) 单击【草图】，选择 YOZ 平面为草图平面，绘制 $\phi 30$ 圆，并将圆心约束在坐标原点上。如图 4-77 所示。

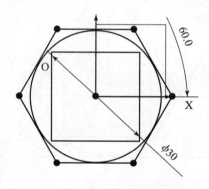

图 4-77 绘制 $\phi 30$ 圆效果

(2) 单击【拉伸】，【截面】选择刚绘制的圆，【方向】选择 XC 轴，并按图 4-78 所示输入相应参数，【确定】后产生如图 4-79 所示效果。

小技巧：因使用【求交】操作，因此，拉伸所产生的锥体的高度一定不能比六棱柱的高度小，否则会产生错误的结果。另外，对于【拔模】中的角度设置应注意方向。可根据预览效果来调整。

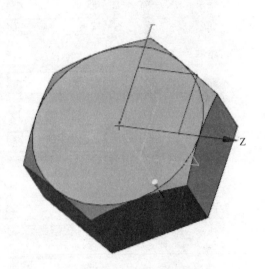

图 4-78　【拉伸】参数设置　　　　图 4-79　倒锥后的效果

方法二：
本方法的基本思想是构建一个锥面，然后使用【修剪体】的方法进行。

（1）同方法一。当然也可绘制一个截面草图，准备用【回转】产生锥面。读者可自己试一下。

（2）单击【拉伸】，【截面】选择刚绘制的圆，【方向】选择 XC 轴，并按图 4-80 所示输入相应参数，【确定】后产生如图 4-81 所示效果。此参数设置时与方法一不同的是，【布尔】选择【无】，【设置】选择【片体】。当然若是用草图【回转】产生锥面片体也可。

（3）单击工具条中的【修剪体】按钮，在弹出的对话框中，【目标】选择六棱柱，【刀具】选择已构建好的锥面，注意预览效果，单击 按钮进行反向操作。【确定】后，产生如图 4-82 所示效果，用鼠标选中锥面，右击，在弹出的快捷菜单中选择【隐藏】，也可得到如图 4-79 所示效果。

图4-80 【拉伸】参数设置

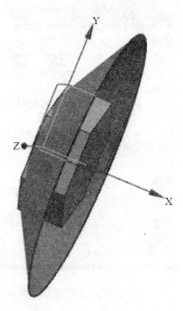

图4-81 产生锥面片体后的效果

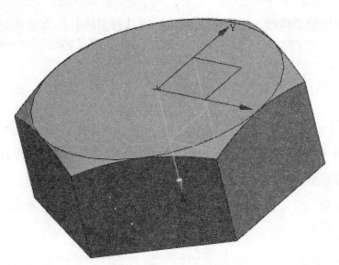

图4-82 修剪后效果

第七步：单击工具条中的【圆柱】按钮，在弹出的对话框中，【类型】选择【轴、直径和高度】；【轴】矢量选择为 XC 轴，选择底面圆心为坐标原点；【尺寸】中，直径设为 20，长度设为 112.5；【布尔】选择为【求和】，并选择已构建好的螺栓头为目标体，确定后产生如图 4-83 所示效果。

第八步：倒斜角。

使用【倒斜角】，将圆柱端部倒 2×45°斜角。如图 4-84 所示效果。

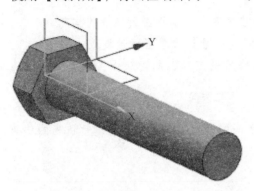 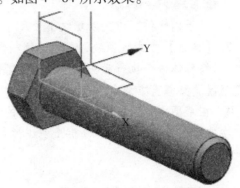

图 4-83　绘制圆柱后的效果　　　　　　图 4-84　【倒斜角】后的效果

第九步：创建螺纹。

启动【螺纹】工具，在弹出的对话框中，选择【详细】方式。此时系统提示【选择一个圆柱面】，用鼠标在绘图区选择圆柱面后，由于端部倒了斜角，所以此时系统又提示【选择起始面】，选择圆柱端面为起始面，如图 4-85 所示。选择完毕后，系统提示确定螺纹构建方向，设置后系统又再次弹出【螺纹】对话框中，在长度中输入螺纹长度 46，螺距为 2.5，角度 60，确定后完成螺栓模型的构建，产生如图 4-86 所示效果。

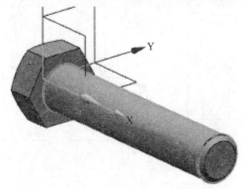 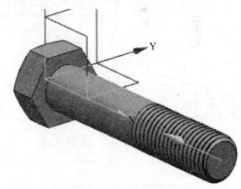

图 4-85　选择圆柱面　　　　　　图 4-86　完成后的效果

1. 特征操作——【螺纹】

螺纹结构是机件上非常常见的结构，它主要用于连接和传动。通过本命令，可以在实体的指定表面上产生螺纹结构，其显示方式主要有符号和详细两种形式。

2. 特征操作——【修剪体】

该命令通过用户定义实体表面或定义平面对目标实体进行适当的修剪。作为定义的面来说，既可以是平面，也可以是曲面。

3.【移动对象】

通过该命令，可以完成选定对象的移动、复制、阵列等操作，极大地方便了草图的绘制，特别是正多边形的绘制。

1. 对于内螺纹，应先以螺纹小径尺寸来构建底孔，然后再进行螺纹的构建。
2.【详细】方式攻螺纹，显示速度较慢，而【符号】方式显示速度较快。
3. 修剪体命令执行时，在选择面时需注意修剪的方向，此时绘图区会有预览，应根据预览情况调整修剪方向。
4. 在草图中，系统未提供正多边形的绘制工具，所以只有使用【移动对象】命令来完成，在使用该工具时要认真分析正多边形各边之间的几何关系，对图形进行适当的约束，避免产生【过约束】。

任务六 小支座造型

任务引入

构建如图 4-87 所示小支座。

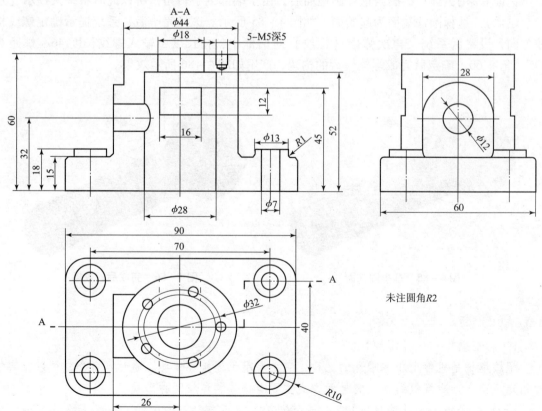

图 4-87 小支座结构及尺寸

任务分析

该模型由一个矩形底板、圆柱体和一个侧板构成，并在其上有一系列的孔洞。底板四侧倒有 R10 的圆角，在四个角上分别有一个 φ13，高 3 mm 的圆形凸台，中间有 φ7 通孔；模型中央是一个 φ44 圆柱；在底板与圆柱之间左侧有一圆头矩形侧板，其上有 φ12 圆孔，在圆柱中央有阶梯通孔，阶梯孔由 φ28（深 45 mm）和 φ18 孔组成，大孔向下，并在前后方向有 16×12 的矩形通孔；在圆柱上端面有 5 个 M5 深 5 mm 的粗牙螺纹（螺距 0.8 mm）孔；在模型的锐角部分还倒有圆角。整个模型组成要素虽然较多，但有些特征是相同的，而且分布规则，所以在造型时可充分利用【关联复制】功能。

本任务中，我们采用如下过程进行造型：

1. 利用基本体素功能，构建 90×60×15 的长方体，用 R10 对四个棱边进行【边倒圆】操作；
2. 使用成型特征中的【凸台】命令创建 φ13×3 的凸台；
3. 使用成型特征中的【孔】命令在凸台中心创建 φ7 通孔；
4. 利用【实例特征】中的阵列功能，在底板四角上阵列出凸台及 φ7 通孔；
5. 使用基本体素中的【圆柱】命令，在底板中央创建 φ44×45 mm 的圆柱，并与底板进行【求和】处理；
6. 构建侧板截面草图，使用扫描特征中的【拉伸】，完成侧板造型，并进行【求和】处理；
7. 使用成型特征中的【孔】命令在侧板位置处创建 φ12 孔；
8. 构建方孔截面草图，使用扫描特征中的【拉伸】，并按【求差】方式完成圆柱上的方孔处理；
9. 使用成型特征中的【孔】命令，从下底面开始，在模型中央构建出阶梯孔；
10. 使用成型特征中的【孔】命令，在上端面构建出 M5 的底孔 φ4，深 6 mm；
11. 使用【螺纹】命令，构建 M5 螺孔；
12. 利用【实例特征】中的阵列功能，将 M5 螺孔进行阵列，完成 5 个螺纹构建；
13. 使用特征操作中的【边倒圆】，进行锐边倒圆处理，完成模型造型。

通过本任务的学习，掌握【凸台】、【长方体】等工具的使用，进一步巩固前面所学各工具的操作。

相关知识

4.6 任务六相关知识

4.6.1 基本体素——长方体

单击【特征】工具条的【长方体】按钮 ，或选择【插入】→【设计特征】→【长方体】，弹出如图 4-88 所示【长方体】对话框。

【类型】

系统提供了三种构建长方体的方式。

【原点和边长】：通过指定长、宽、高及其原点位置，创建长方体。所创建的长方体以指定的原点为基点，长度为沿 XC 轴方向，宽度为沿 YC 轴方向，高度为沿 ZC 轴方向。

其对话框如图 4-88（a）所示。相关参数为【原点】，指定或构建原点位置；【尺寸】中输入长方体的长、宽、高尺寸。

【二点和高度】：通过指定长方体底面两个对角点的位置及高度创建长方体。所得的长方体的长和宽分别为其指定的两个底面对角点连线向 X 和 Y 轴的投影长度。

其对话框如图 4-88（b）所示。除需指定原点外，还需指定或构建出底面上的两个对角点。【尺寸】中需输入长方体的高度尺寸。

【两个对角点】：通过指定长方体两个空间对角点来创建长方体，其长、宽、高分别为其指定的两上空间对角点连线向各坐标轴的投影长度。

其对话框如图 4-88（c）所示。除需指定原点外，还需指定或构建出长方体空间两个对角点。

其余参数与其他命令中的参数相同，此处不再详述。

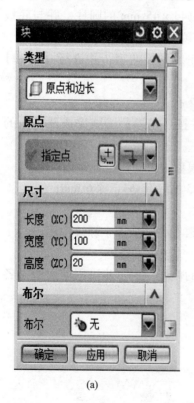 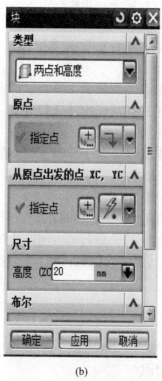 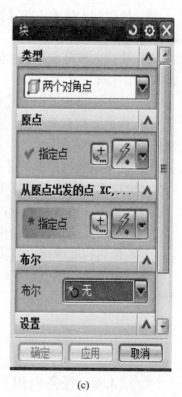

(a)　　　　　　　　　　(b)　　　　　　　　　　(c)

图 4-88　【长方体】对话框

4.6.2　成型特征——凸台

凸台特征是为实体的平面形表面上添加一个圆柱体凸台。

单击【特征】工具栏中的【凸台】按钮 , 弹出如图 4-89 所示【凸台】对话框。其各参数的含义如图 4-90 所示。

图 4-89 【凸台】对话框

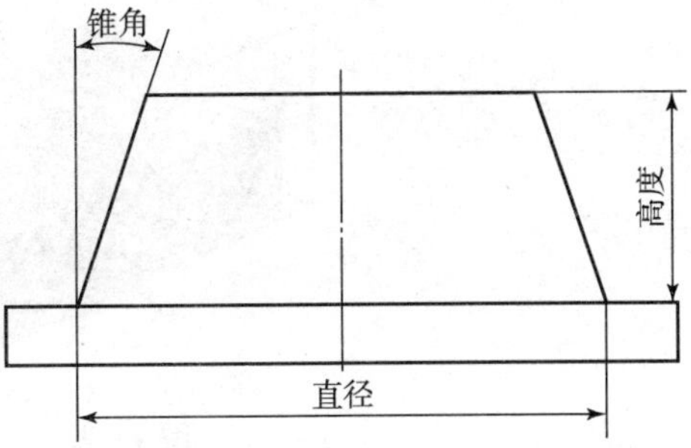

图 4-90 凸台参数含义

【直径】：指定凸台圆柱的直径；

【高度】：指定凸台圆柱的高度；

【锥角】：又称拔模角，主要用于创建锥形凸台，它是指圆柱外壁的倾斜程度。

任务实施

第一步：新建文件。

启动 UG NX8.0，新建一模型文件，确定后进入模型界面。单击【特征】工具条的【长方体】按钮，或选择【插入】→【设计特征】→【长方体】，选择【原点和边长】类型构建长方体，在【尺寸】中指定长 90、宽 60、高 15，以坐标原点作为起始点，确定后构建出如图 4-91 所示长方体。

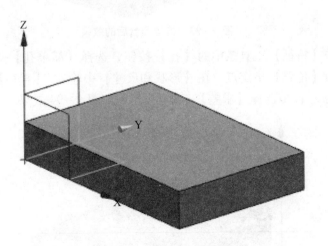

图 4-91 构建出的长方体

第二步：单击工具条的【边倒圆】按钮，设置半径为 $R10$，选择长方体四个棱边进行倒圆处理，其结果如图 4-92 所示。

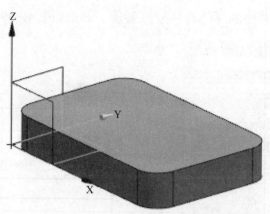

图4-92 【边倒圆】后的效果

第三步：单击【特征】工具栏中的【凸台】按钮，设置直径为13，高度为3，锥角为0。选择第一步创建的长方体上表面作为放置面，单击【确定】后，在弹出的定位对话框中，选择"点到点"定位方式，将凸台的中心定位于靠近原点圆角的圆心，结果如图4-93所示。

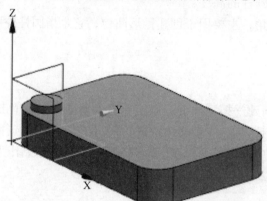

图4-93 构建凸台后的效果

第四步：单击【特征】工具条中的【孔】按钮，选择【简单孔】类型。并选择凸台圆柱上端面圆中心为【位置】指定点，在【形状和尺寸】中输入：【直径】为7，【高度限制】为【贯通体】，【布尔】中选择【求差】，确定后得到如图4-94效果。

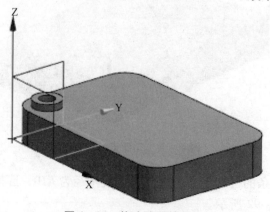

图4-94 构建孔后的效果

第五步：单击工具条的【对特征形成图样】按钮，或在菜单栏中选择【插入】→【关联复制】→【对特征形成图样】，在弹出的对话框中选择凸台和孔为阵列对象，并选择【布局】为线性，选择长方体地板的两条垂直边作为方向1和方向2，如图4-95所示进行参数设置，完成后的底板如图4-96所示效果。

第六步：单击【特征】工具栏中的【圆柱】按钮，【类型】选择【轴、直径和高度】，指定ZC方向为指定矢量，在【指定点】中单击点构造器按钮，在弹出的点构造器对话框中，设置【XC】参数为45，【YC】参数为30，【ZC】参数为15，并确定。在【圆柱】对话框中的【尺寸】中设置【直径】为44，【高度】为45，在【布尔】中选择【求和】，确定后的效果如图4-97所示。

第七步：单击【特征】工具栏中的【基准CSYS】，X输入45，Y输入30，Z为0，将坐标原点移动到模型中央，如图4-98所示。

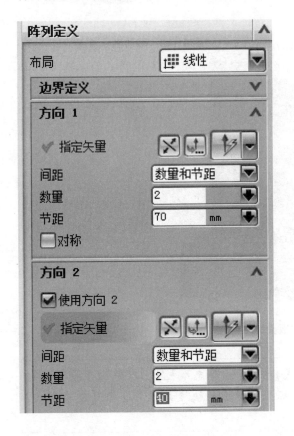

图4-95 【矩形阵列】参数设置

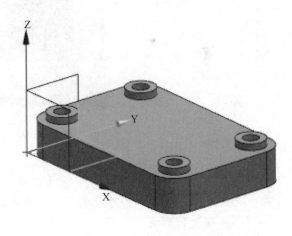

图4-96 矩形阵列后的效果

第八步：以新建坐标系的YOZ平面为草图平面，绘制侧板截面草图，并按要求进行必要约束，如图4-99所示。

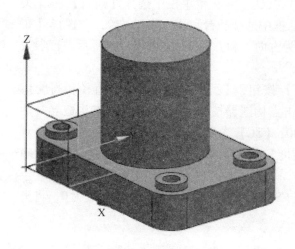
图4-97 构建圆柱后的效果

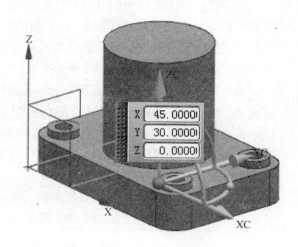
图4-98 移动坐标原点

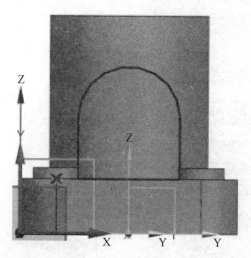
图4-99 侧板截面曲线

> **小技巧**：在选择草图平面时，可将【渲染样式】改为【静态线框】，以免由于模型的遮挡，无法选择。操作方式为：在绘图区右击鼠标，在弹出的快捷菜单中选择【渲染样式】→【静态线框】即可。

第九步：单击【特征】工具条中的【拉伸】按钮，在弹出的对话框中，选择刚绘制好的侧板截面曲线为【截面】，【方向】的矢量指定为XC的反方向，【限制】中设置【开始】值为0，【结束】值为26，【布尔】选择【求和】，【确定】后，效果如图4-100所示。

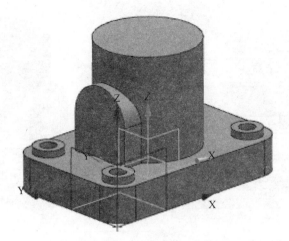

图 4-100　构建侧板后的效果

第十步：单击【特征】工具条中的【孔】按钮，选择【简单孔】类型。选择侧板上端圆弧圆心为【位置】指定点，在【形状和尺寸】中输入：【直径】为12，【高度限制】值为26，【布尔】中选择【求差】，确定后得到如图4-101效果。

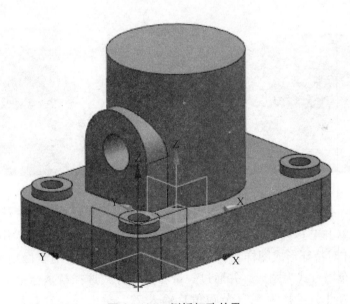

图 4-101　侧板打孔效果

第十一步：单击【特征】工具条中的【孔】按钮，选择【常规孔】类型。选择底板下端面坐标原点为【位置】指定点，在【形状和尺寸】中按图4-102所示进行设置，【布尔】中选择【求差】，确定后得到如图4-103效果。

第十二步：单击【特征】工具条中的【孔】按钮，选择【简单孔】类型。根据模型相应尺寸在圆柱的上端面设置好【位置】指定点，在【形状和尺寸】中输入：【直径】为4，【高度限制】值为6，【尖角】为118，【布尔】中选择【求差】，确定后得到如图4-104效果。

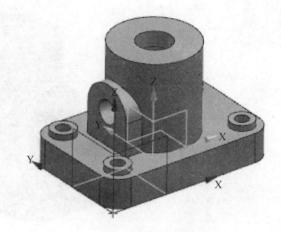

图4-102 参数设置　　　　　图4-103 中心打孔后的效果

第十三步：单击【特征操作】工具条中的【螺纹】按钮，选择【详细】方式，在绘图区用鼠标选择已制好的 $\phi4$ 小孔，设置【长度】为5，【螺距】为0.8，【角度】为60，【确定】后的效果如图4-105所示。

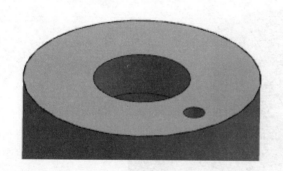
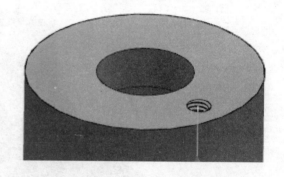

图4-104 上端面打孔后的效果　　　　　图4-105 攻螺纹后的效果

第十四步：单击工具条的【对特征形成图样】按钮，或在菜单栏中选择【插入】→【关联复制】→【对特征形成图样】，在弹出的对话框中选择上两步做创建的孔和螺纹作为引用特征，单击布局方式为圆形，并通过矢量和点的方式选择新坐标系中的ZC轴作为中心轴，确定后，输入【数量】为5，【节距角】输入72，单击【确定】后产生如图4-106所示效果。

第十五步：以第7步所建坐标系的XOZ平面为草图平面，绘制 16×12 方孔截面草图，并按要求进行必要约束，如图4-107所示。

第十六步：单击【特征】工具条中的【拉伸】按钮，在弹出的对话框中，选择刚绘制好的方孔截面曲线为【截面】，【方向】的矢量指定为YC的反方向，【限制】中设置【开始】值为【贯通】，【结束】值为【贯通】，【布尔】选择【求差】，【确定】后，效果如图4-108所示。

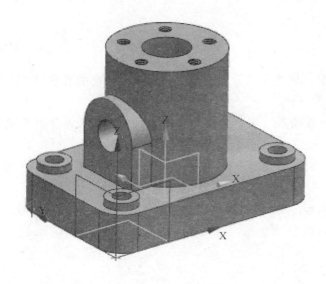
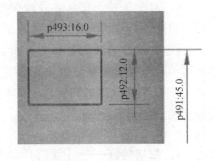

图4-106 螺孔完成后的效果　　　　　　　图4-107 方孔截面草图

第十七步：单击【特征操作】工具条的【边倒圆】按钮，根据要求将模型进行倒圆处理，完成后的结果如图4-109所示。

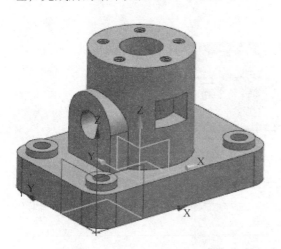
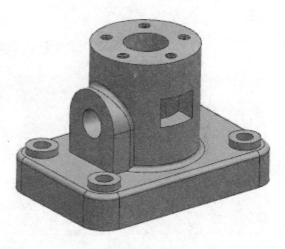

图4-108 构建方孔后的效果　　　　　　　图4-109 倒圆后的效果

本任务是一个较为综合的任务，其目的是为了进一步巩固前面所学内容，对于新内容，本任务学到以下两个。

1. 基本体素——【长方体】

该命令可在三维空间构建长方体，系统提供了三种构建长方体的方式，用户输入长度、宽度、高度等参数信息，即可在选定点处构建相应的长方体。

2. 成型特征——【凸台】

该命令主要是为已存在实体的平面表面上添加一个圆柱体凸台，用户需指定凸台的直径、高度、位置等信息。

1. 在使用【凸台】命令时，因凸台只能建立在平面表面上，所以若已有特征中没有平面表面，则一般需建立基准平面，以辅助定位。

2. 对一些按一定规律分布的特征，可利用【实例特征】命令，用矩形、圆形阵列来完成这些特征，可大大提高构建的效率。

3. 在使用【实例特征】命令之前，作为母特征在构建时，其位置应做好规划，因为它决定了阵列时相关参数的设置。

4. 在实体模型的构建时，其构建方法不止一种，因此在开始时就应考虑好构建的策略。

知识链接

1. 扫描特征——【管道】

管道实际上是一种特殊的扫掠体，它是将圆形截面沿着一条引导线扫掠而得到实体的方法，其截面只能是一个圆或两个同心圆，而且截面形状可不必绘制，只需绘出引导线即可。

单击【特征】工具条的【管道】按钮 ，系统弹出如图 4 - 110 所示【管道】对话框。

图 4 - 110　【管道】对话框

【路径】：用鼠标在绘图区选择引导路径。

【横截面】：设置管道的外径和内径。

小技巧：使用【管道】工具，只需绘制引导路径即可，不必绘制横截面。该工具只能构建圆形横截面的空心、实心扫掠模型。

其余选项与前同，本处不再详述。

其操作效果如图 4 - 111 所示。图 4 - 111（a）为引导路径形式，图 4 - 111（b）为外径为 20，内径为 10 时的管道操作效果。

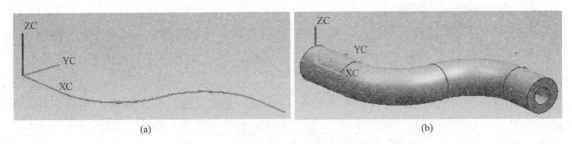

图 4-111 管道操作过程与效果

2. 成型特征——【腔体】

单击【特征】工具条中的【腔体】按钮 ![icon]，弹出如图 4-112 所示【腔体】对话框，该命令是在现有的实体上创建一个型腔，它有三个选项：圆柱形、矩形、常规。

【圆】：在实体上创建一个圆柱形型腔，用户可定义腔体的直径、深度、底面的圆角半径、锥角（直壁或斜壁），如图 4-113（a）所示。

【矩形】：在实体上创建一个矩形型腔，用户可定义腔体的长度、宽度、深度、底面的圆角半径、锥角（直壁或斜壁），如图 4-113（b）所示。

图 4-112 【腔体】对话框

【常规】：用户可自行定义型腔截面形状（闭合曲线），使腔体具有更大的灵活性，如图 4-113（c）所示。

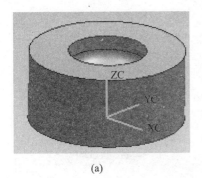 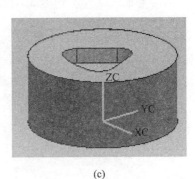

图 4-113 腔体处理结果

3. 成型特征——【垫块】

该特征正好与腔体特征相反，它是在一个已存在的实体上增加一个给定形状的垫块。

单击【特征】工具条中的【垫块】按钮 ，弹出如图4-114所示【垫块】对话框。

【矩形】：利用此功能，可在已存在特征的平面形表面上建立一个矩形的垫块。单击后出现如图4-115所示【矩形垫块】对话框，选择矩形垫块放置平面后，出现如图4-116所示的矩形垫块参数设置对话框，单击【确定】按钮后，出现如图4-117所示的【定位】对话框，设置垫块的放置位置后即可产生一个矩形垫块。如图4-118所示，图4-118（a）为原始状态，图4-118（b）为增加矩形垫块后的效果。

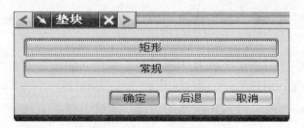

图4-114 【垫块】对话框

图4-115 【矩形垫块】对话框

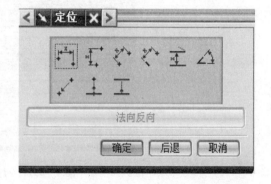

图4-116 矩形垫块参数设置对话框

图4-117 【定位】对话框

【常规】：利用此功能可以在已存在特征的任意表面上向外建立一个由闭合曲线所定义的一般形状垫块，如图4-118（c）所示。

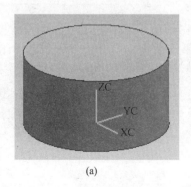
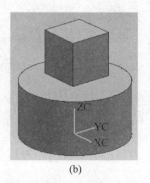
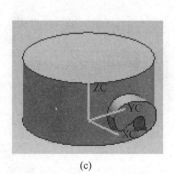

(a)　　　　　　　　　(b)　　　　　　　　　(c)

图4-118 增加垫块后的效果图

4. 成型特征——【键槽】

该特征是从已存在实体上去除一个槽形材料而形成的特征。

单击【特征】工具条中的【键槽】按钮 ，系统弹出如图 4-119 所示【键槽】对话框。

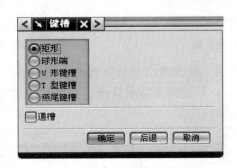

图 4-119　【键槽】对话框

系统提供了五种槽的形式。

【矩形键槽】：选择此选项，系统弹出如图 4-120 所示矩形键槽对话框，当用户指定键槽放置的平面后，系统又弹出如图 4-121 所示矩形键槽参数设置框，其各参数含义如图 4-122 所示。

图 4-120　【矩形键槽】对话框

图 4-121　矩形键槽参数设置框

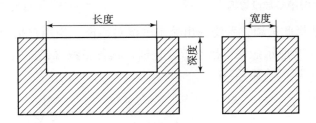

图 4-122　矩形键槽参数含义

【球形端】：选择此选项，系统弹出与图 4-120 类似的球形键槽对话框，当用户指定键槽放置的平面后，系统又弹出如图 4-123 所示球形键槽参数设置框，其各参数含义如图 4-124 所示。

 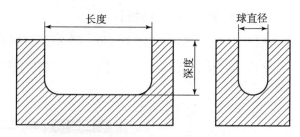

图 4-123　球形键槽参数设置框　　　　图 4-124　球形键槽参数含义

【U 形键槽】：选择此选项，系统弹出 U 形键槽对话框，当用户指定键槽放置的平面后，系统又弹出如图 4-125 所示 U 形键槽参数设置框，其各参数含义如图 4-126 所示。

 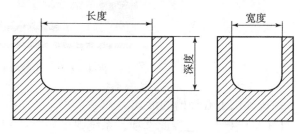

图 4-125　U 形键槽参数设置框　　　　图 4-126　U 形键槽参数含义

【T 形键槽】：选择此选项，系统弹出 T 形键槽对话框，当用户指定键槽放置的平面后，系统又弹出如图 4-127 所示 T 形键槽参数设置框，其各参数含义如图 4-128 所示。

 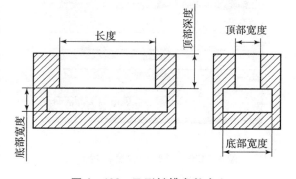

图 4-127　T 形键槽参数设置框　　　　图 4-128　T 形键槽参数含义

【燕尾键槽】：选择此选项，系统弹出燕尾键槽对话框，当用户指定键槽放置的平面后，系统又弹出如图 4-129 所示燕尾键槽参数设置框，其各参数含义如图 4-130 所示。

 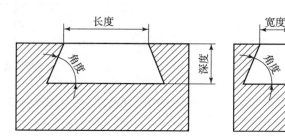

图 4-129　燕尾键槽参数设置框　　　　图 4-130　燕尾键槽参数含义

5. 关联复制——【镜像体】

此命令可将已存在的实体以基准平面为中心进行镜像。其效果如图 4-132 所示，图 4-132（a）为镜像之前状态，图 4-132（b）为以镜像平面镜像后的效果。

需要注意的是：通过镜像操作生成的实体是一个整体，不能对其单独进行编辑和操作，如果用户对生成镜像体的母体进行了修改，那么通过镜像操作生成的实体也会随之更新。

单击工具条中的【镜像体】按钮 ，或选择【插入】→【关联复制】→【镜像体】菜单，系统弹出如图 4-131 所示【镜像体】对话框。在绘图区用鼠标选择好需镜像的母体，然后再选择镜像平面后，单击【确定】后，即可完成镜像。

图 4-131　　【镜像体】对话框

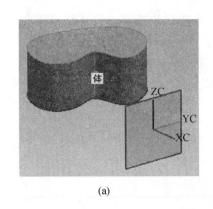
(a)

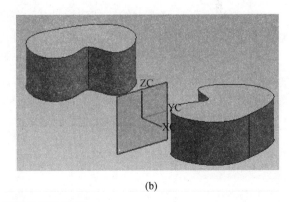
(b)

图 4-132　镜像体操作效果

6. 特征操作——【镜像特征】

此命令可将已存在的实体上某些特征以基准平面为中心进行镜像。其效果如图 4-134 所示，图 4-134（a）为特征镜像之前状态，图 4-134（b）为镜像后的效果。

需要注意的是：通过镜像操作生成的特征是一个整体，不能对其单独进行编辑和操作，如果用户对生成镜像特征的母特征进行了修改，那么通过镜像操作生成的特征也会随之更新。

单击【特征操作】工具条中的【镜像特征】按钮，或选择【插入】→【关联复制】→【镜像特征】菜单，系统弹出如图4-133所示【镜像特征】对话框。在绘图区用鼠标选择好需镜像的母特征，然后再选择镜像平面后，单击【确定】后，即可完成镜像。

图4-133 【镜像特征】对话框

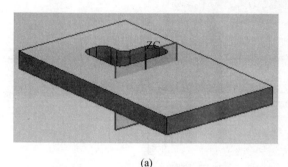
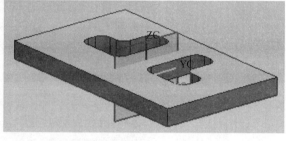

图4-134 镜像特征操作效果

7. 分析功能——实体质量、重量等特性查询

UG NX 不仅具有强大的三维建模功能，而且还可以对所建立的模型进行几何计算和物理分析，本处只介绍其实体质量、重量等特性的查询方法。

选择【分析】→【测量体】菜单，系统弹出如图4-135所示【测量体】对话框。

用户选择相应实体后，系统即可自动计算出实体的体积、表面积、质量、回转半径、重量等特性，如图4-136所示。

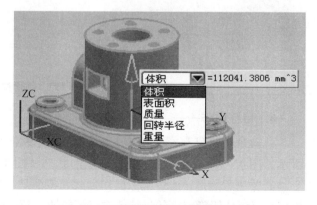

图4-135 【测量体】对话框　　　　　图4-136 查询实体特性信息

对于质量、重量等信息，用户需设置相应材料的密度后，才能得到准确信息。其密度设置方法为：

选择【编辑】→【特征】→【实体密度】菜单，弹出如图 4-137 所示【指派实体密度】对话框。选择对象后，设置好【实体密度】和【单位】参数即可。

图 4-137 【指派实体密度】对话框

思考与练习

1. 完成如图 4-138 所示电机盖造型。

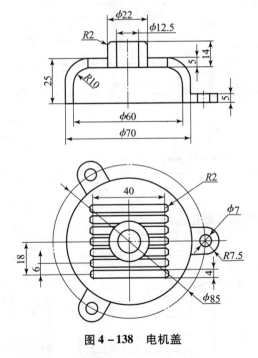

图 4-138 电机盖

2. 完成如图 4-139 所示球形支撑造型。

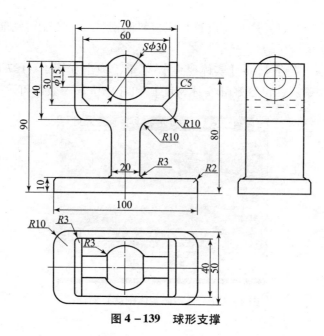

图 4-139 球形支撑

3. 完成如图 4-140 所示转轴造型。

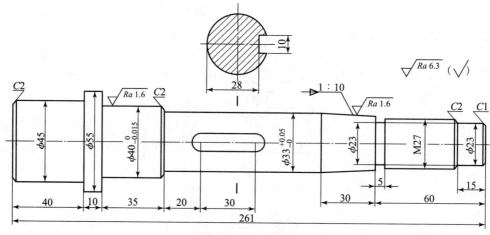

图 4-140 转轴

4. 完成如图 4-141 所示腰形轮造型。

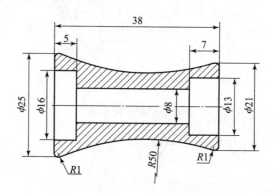

图 4-141 腰形轮

5. 完成如图 4-142 所示六角螺母造型。

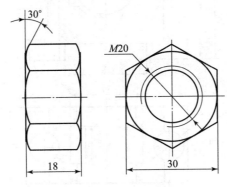

图 4-142 六角螺母

6. 完成如图 4-143 所示活塞造型。

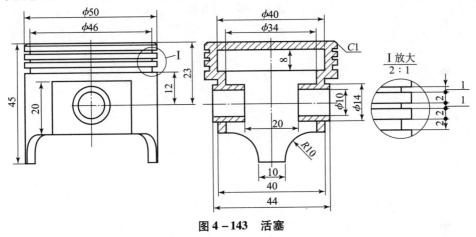

图 4-143 活塞

7. 完成如图 4-144 所示支架造型。

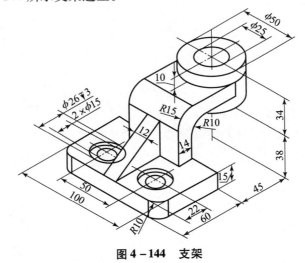

图 4-144 支架

8. 完成如图 4-145 所示轴瓦座造型。

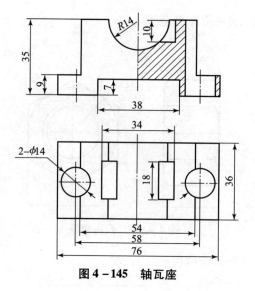

图 4-145 轴瓦座

学习单元五

装配建模

任务引入

图 5-1 所示为一简易千斤顶的装配图，图 5-2～图 5-6 为各零件图。在 UG NX8.0 中利用装配功能完成该千斤顶的装配设计。

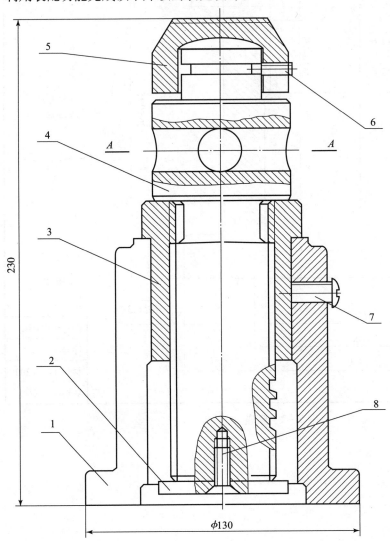

技术要求：

1. 本产品的顶举高试为 50 mm；
2. 顶举重量为 1 000 kg。

8	JD1-8	螺钉M8×1.5
7	JD1-7	螺钉M10×7h
6	JD1-6	螺钉M6-7h
5	JD1-5	顶垫
4	JD1-4	螺杆
3	JD1-3	螺母
2	JD1-2	挡圈
1	JD1-1	底座
序号	代号	零件名称

图 5-1 千斤顶装配图

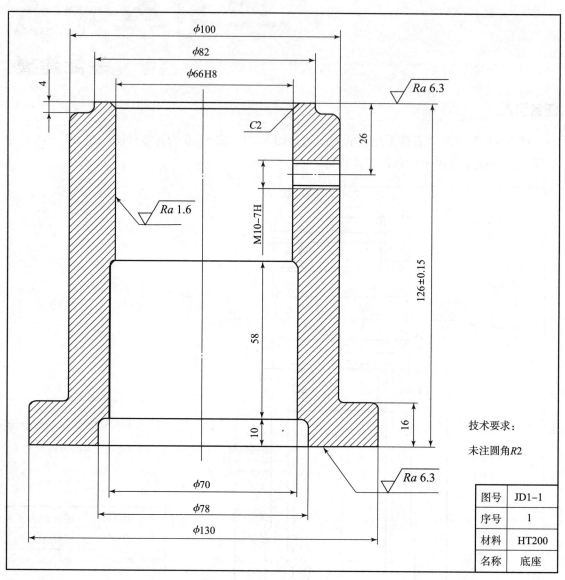

图 5-2 底座

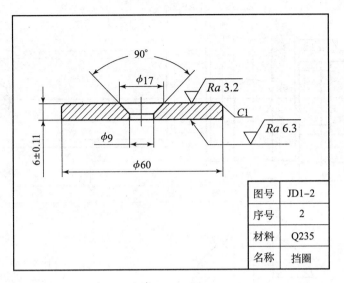

图 5-3 挡圈

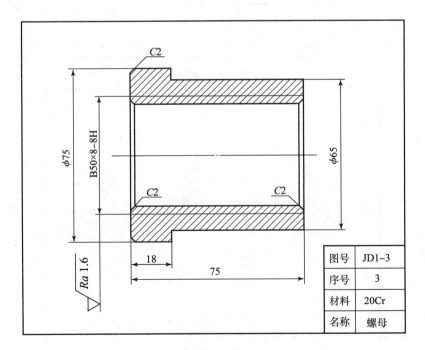

图 5-4 螺母

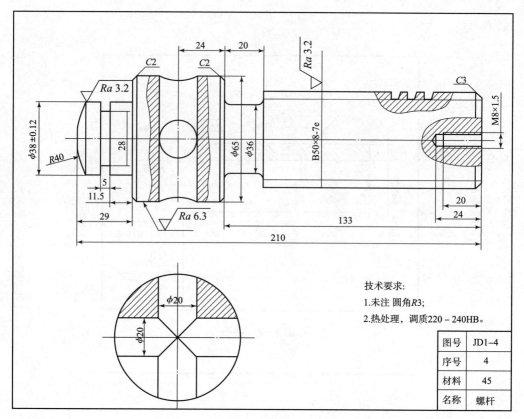

图 5-5 螺杆

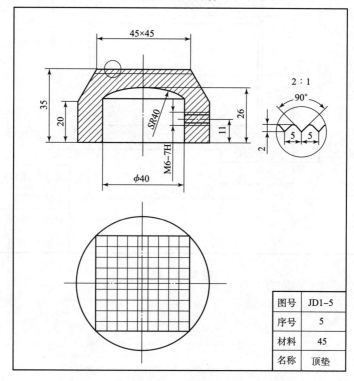

图 5-6 顶垫

任务分析

该装配体的创建需要熟练使用前面所学的建模操作，要掌握零件的引用、创建及定位操作。在装配过程中可以在装配的上下文范围内建立新的零件模型，并产生明细列表。

本任务采用"由底向上"的装配方法，即先创建所需的各个零件模型，在将这些零件模型引用到装配体中，再对各个配对组件进行定位。

相关知识

※ 5.1 装配概述

UG NX8.0 的装配过程是在装配中建立部件之间的链接关系。它通过关联条件在部件间建立约束关系来确定部件在产品中的位置。在装配中，部件的几何体是被装配引用，而不是复制到装配中。不管如何编辑部件和在何处编辑部件，整个装配部件保持关联性，如果某部件被修改，则引用它的装配部件自动更新，反映部件的最新变化。

5.1.1 装配概念

UG 装配模块不仅能快速组合零部件成为产品，而且在装配中，可参照其他部件进行部件关联设计，并可对装配模型进行间隙分析、重量管理等操作。装配模型生成后，可建立爆炸视图，并可将其引入到装配工程图中；同时，在装配工程图中可自动产生装配明细表，并能对轴侧图进行局部剖切。

启动 UG NX8.0，选择菜单【文件】→【新建】选项，或者单击新建文件图标 ，在【模板】中选择类型为【装配】，输入文件名，单击【确定】按钮，进入装配模式。如果新建文件时选择类型为【模型】，进入软件后也可单击【开始】→【装配】，如图 5-7 所示，进入装配环境。装配环境中的【装配】菜单如图 5-8 所示，与建模环境下的有较大区别。此外在装配环境中常用的【装配】工具栏如图 5-9 所示，用户还可根据需要在工具栏上增减功能按钮。

5.1.2 装配术语

在装配中还常用到一些术语，下面对这些术语作个介绍。

（1）装配部件。

装配部件是由部件和子装配构成的部件。在 UG NX8.0 中允许向任何一个 part 文件中添加部件构成装配，因此任何一个 part 文件都可以作为装配部件。在系统中，零件和部件不必严格区分。

（2）子装配。

子装配是在高一级装配中被用作组件的装配，子装配也拥有自己的组件。子装配是一个相对的概念，任何一个装配部件可在更高级装配中用作子装配。

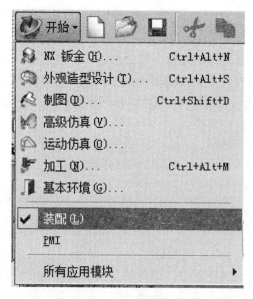
图5-7 进入装配环境

图5-8 【装配】下拉菜单

图5-9 【装配】工具栏

（3）组件对象。

组件对象是一个从装配部件链接到部件主模型的指针实体。一个组件对象纪录的信息有：部件名称、层、颜色、线型、线宽、引用集和装配条件等。

（4）组件。

组件是装配中由组件对象所指的部件文件。组件可以是单个部件（即零件）也可以是一个子装配。组件是由装配部件引用而不是复制到装配部件中。

（5）单个部件。

单个部件是指在装配外存在的部件几何模型，它可以添加到一个装配中去，但它不能含有下级组件。

（6）自顶向下装配。

自顶向下装配，是指在装配级中创建与其他部件相关的部件模型，是在装配部件的顶级向下产生子装配和部件（即零件）的装配方法。

（7）自底向上装配。

自底向上装配是先创建部件几何模型，再组合成子模型，最后生成装配部件的装配方法。

（8）混合装配。

混合装配是将自顶向下装配和自底向上装配结合在一起的装配方法。例如先创建几个主要部件模型，再将其装配在一起，然后在装配中设计其他部件，即为混合装配。在实际设计中，可根据需要在两种模式下切换。

(9) 主模型。

主模型是供 UG NX 模块共同引用的部件模型。同一主模型，可同时被工程图、装配、加工、机构分析和有限元分析等模块引用，当主模型修改时，相关应用自动更新。当主模型修改时，有限元分析、工程图、装配和加工等应用都根据部件主模型的改变自动更新。

5.1.3　数据引用与共享

UG NX8.0 系统为了尽可能的利用已有数据，减少不必要的重复，提高综合效能，最大限度地使用了数据之间的引用关系。这种引用根据用户使用程度的不同可以有以下三个应用层面：

(1) UG 各应用模块之间相互引用。

UG 所有的应用模块共享其统一的模型。即建立模型后，则该模型可同时被制图、装配、加工、机构分析和有限元分析等应用模块所引用，当模型修改时，相关应用自动更新。

(2) 文件之间相互引用。

UG 对零件的装配，与实际产品的装配不同，是一种虚拟装配，将一个零件模型引入一个装配模型时，虽然可以正常显示零件模型，但并不是将该零件模型的所有数据都接收过来，而只是在两者之间建立一种引用关系。这种引用关系的双方在任意一方发生变化时，都会引起另一方相应的变化。比如，文件 1 存储零件模型，文件 2 存储装配体模型，两文件之间建立有引用关系。如果文件 1 中的零件模型发生了变化，那么文件 2 中的装配体也将相应变化；同样，如果修改了文件 2 中装配体引用的零件模型，那么文件 1 中的零件模型也将相应变化。

(3) 多人之间相互引用。

UG 最高层面的数据共享体现在支持整个产品的开发过程上。在此过程中，多名开发人员可利用不同的模块来完成同一产品的不同开发工作，但他们共享同一产品模型。该产品模型由多个文件所组成，任何一名开发人员对产品所做的工作，其他开发人员都可以实时利用到起变化。这将实现互动、互通，可极大地避免重复劳动，并提高产品开发效率。

5.2　装配结构操作

部件设计好后必须装配才能形成产品，建立装配结构是将部件按一定的层次结构组织在一起。装配结构可以在部件设计之前定义，例如定义装配结构是由哪些子装配和部件组成，每个部件里的具体几何对象可在以后设计；也可在部件设计完成后定义，例如将已经设计好的部件装配在一起。前者适合自顶向下的设计，后者适合自底向上的设计。

组件添加到装配结构以后，对装配结构中的组件仍可以进行删除、属性编辑、抑制、阵列、替换和重新定位等操作，这些操作功能主要是通过菜单命令【装配】→【组件】下的相应命令选项，或者装配工具图标栏中相应的图标来实现。常用的基本操作如下：

5.2.1　创建新组件

创建新组件的方式有两种：一种是自底向上装配；一种是自顶向下装配。

1. 自底向上装配

在【装配】工具栏中单击【添加组件】图标 ，或选择菜单【装配】→【组件】→【添加组件】，弹出图 5-10 所示的【添加组件】对话框，单击其上的【打开】按钮 ，弹出【部件名】对话框，选择需要添加的零件名称，单击【确定】按钮，返回到【添加组件】对话框，在该对话框的【已加载的部件】列表框中会出现该组件的名称，同时弹出的还有图 5-11 所示的【组件预览】对话框，能对选中的组件进行预览。

图 5-10 【添加组件】对话框

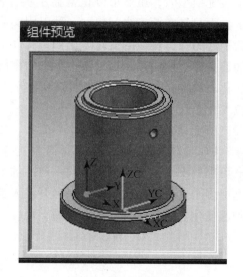

图 5-11 【组件预览】对话框

在【添加组件】对话框上设置好定位、引用集等选项后即可将该组件添加到装配体中来。

【添加组件】对话框上的各个选项含义如下：

【已加载的部件】列表框

在该列表框中显示已加载的部件文件，若要添加的部件已存在于该列表框中，可以直接选择该文件。

【放置】

用于指定部件在装配中的定位方式，该选项提供了【绝对原点】、【选择原点】、【通过约束】和【移动】等几种定位方式。

【复制】

用于设定该部件是否重复添加,或者添加后是否进行阵列。

【设置】

用于设置部件的引用方式,包括部件的模型信息和涂层信息等。

2. 自顶向下装配

自顶向下装配方法有两种:第一种是先在装配中建立一个几何模型,然后创建一个新组件,同时将该几何模型链接到新建组件中;第二种是先建立一个空的新组件,它不含任何几何对象,然后使其成为工作部件,再在其中建立几何模型。

5.2.2 简单装配实例

下面通过一个例子来说明创建新组件。

例 1 将已存在的组件添加至装配体中。

(1) 打开 UG 软件,创建一个装配所需文件"xiao",选择主菜单上的【应用】→【建模】菜单项,进入 UG 建模应用环境。

(2) 创建如图 5 – 12 所示圆柱销,直径 20,高 50,两端倒角 C1,保存。

(3) 新建文件"yuanpan",创建如图 5 – 13 所示圆盘零件,外圆直径 100,高 20,内孔直径 30,圆盘上在直径为 70 的分度圆上有四个均布的直径为 20 的孔。

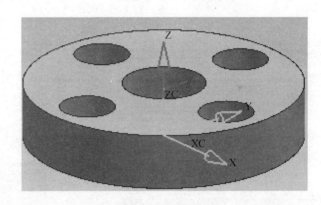

图 5 – 12　圆柱销　　　　　　　　图 5 – 13　圆盘

(4) 以圆盘零件为当前工作部件,单击【开始】→【装配】命令,进入装配模块。

(5) 选择【装配】→【组件】→【添加已存在的】命令,或者单击【装配】工具条上的图标 ,添加已存在的组件,即可弹出【添加组件】对话框,如图 5 – 14 所示。

(6) 单击对话框中的【打开】按钮 ,弹出【部件名】对话框后,选择文件"xiao",单击【OK】按钮,返回【添加组件】对话框,并出现如图 5 – 15 所示的预览框,可以预览到圆柱销零件,在【添加组件】对话框中按图 5 – 16 所示设置参数后,单击【确定】,弹出【点构造器】对话框后,在绘图区选择一点即可将圆柱销添加进来,如图 5 – 17 所示。

图 5-14 【添加组件】对话框

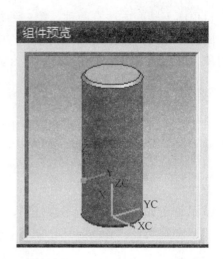

图 5-15 【组件预览】对话框

图 5-16 【添加组件】对话框

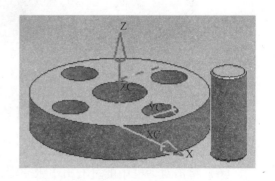

图 5-17 添加结果

(7) 选择【文件】→【另存为】命令，将装配体另存为 assembly1。

注意：以上操作仅仅是将已存在的部件添加到了工作部件中，还没有定义各部件之间的装配关系，因此还不能称为装配体。关于如何定义部件之间的装配关系，我们将在后面进行讲解。

5.2.3 装配中的装配约束

1. 相关概念

装配约束：该命令通过定义两个组件之间的约束条件来确定组件在装配体中的位置。在装配工具栏中单击按钮，或者选择【装配】→【组件】→【装配约束】命令，系统就会弹出【装配约束】对话框。在该对话框上各选项的含义如下：

【类型】：指定配对约束的类型，包括角度、中心、胶合、适合、接触对齐、同心、距离、固定、平行和垂直，选择不同的类型，对话框上的选项会有所不同。

【要约束的几何体】：用于选择需要配对约束的两个组件对象。

【设置】：该选项中有动态定位、关联、移动曲线和管线布置对象、动态变更管线布置对象四个选择项。

2. 配对类型

下面具体介绍配对的主要类型。

（1）角度：用于在两个对象之间定义角度，将相配组件约束到正确的方位。角度约束可以在两个具有方向矢量的对象间产生，角度是两个方向矢量间的夹角。

（2）中心：用于约束两个对象的中心对齐。选中该图标时，【中心对象】选项被激活，其下拉列表中包括以下几个选项。

①1 对 2：用于将相配组件中的一个对象定位到固定组件中的两个对象的对称中心上。

②2 对 1：用于将相配组件中的两个对象定位到固定组件中的一个对象上，并与其对称。

③2 对 2：用于将相配组件中的两个对象与固定组件中的两个对象成对称布置。

（3）胶合：用于将两个组件胶合在一起，不能相互运动。

（4）适合：用于约束两个组件保持适合的位置关系。

（5）接触对齐：选中该图标时，【方位】选项被激活，下拉列表中包括以下几个选项。

①首选接触：系统采用自动判断模式根据用户的选择，自动判断是接触还是对齐。

②接触：用于定位配对对象，使之重合。当对象是平面时，它们共面且法向相反。

③对齐：用于对齐配对对象。当对齐平面时，使两个表面共面且法向相同。

④自动判断中心/轴：系统自动判断所选对象的中心或轴。

（6）同心：用于约束两个对象同心。

（7）距离：用于指定两个相配对象间的最小三维距离，距离可以是正值也可以是负值，正负号确定相配对象是在目标对象的哪一边。

（8）固定：用于约束对象固定在某一位置。

（9）平行：用于约束两个对象的方向矢量彼此平行。

（10）垂直：用于约束两个对象的方向矢量彼此垂直。

例 2 选择两平面进行接触定位

（1）打开前一例子创建的圆盘零件 yuanpan，并将零件 xiao 作为组件添加进来。

(2) 选择【装配】→【组件】→【配对约束】命令，或者单击【装配】工具条上的按钮 ，出现如图5-18所示的【装配约束】对话框。

图5-18　【装配约束】对话框

(3) 选择对话框中的类型为接触对齐 ，并选择方位为接触 ，再如图5-19所示选择圆柱销上表面和圆盘上表面作为配对对象，系统会自动将圆柱销掉头，使所选择的两个平面共面，而且方向相反，如图5-20所示。单击【确定】或【应用】按钮，完成操作。如果需要改变所选的某个平面的法向，可单击【装配约束】对话框上的【反向上一个约束】按钮 ，则圆柱销会再次掉头，但是依然保证所选的两个平面共面。

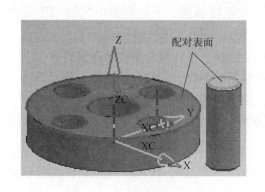

图5-19　选择配对表面

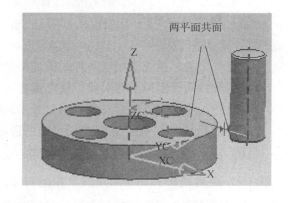

图5-20　配对结果

如果在【装配约束】对话框上选择定位为对齐 ，则所选的两平面法向相同。

对于圆柱面，要求装配组件直径相等才能对齐轴线。意味着使两个表面重合，并且轴线相一致。

例3　选择两圆柱面进行接触定位

(1) 同例1，创建一个装配所需零件。

(2) 如图 5-18 所示，选择【装配约束】对话框中的类型为接触对齐 ，并选择方位为接触 ，再如图 5-21 所示选择圆柱销的外圆面和圆盘的一个内孔表面，单击【确定】或【应用】按钮，则所得结果如图 5-22 所示。

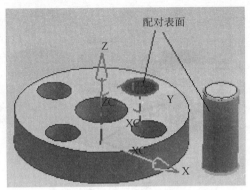

图 5-21 选择配对表面

图 5-22 配对结果

例 4 选择圆柱面进行角度定位

（1）如前例，打开圆盘零件 yuanpan，并将圆柱销零件 xiao 作为组件添加进来。

（2）打开图 5-23 所示的【装配约束】对话框，选择【类型】为角度 ，【子类型】为 3D 角。

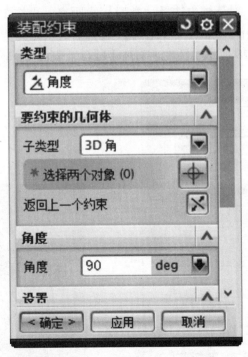

图 5-23 【装配约束】对话框

（3）选择图 5-24 所示的外圆表面和基准轴 ZC 轴，并在【角度】文本框中输入"90"，单击【确定】或者【应用】按钮，最终装配结果如图 5-25 所示。此时将鼠标移动到圆柱销零件上，按住鼠标左键不放，还可以对圆柱销进行移动。

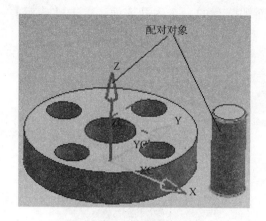

图 5-24 选择配对对象

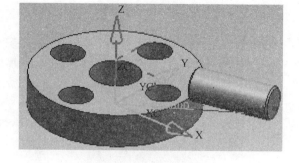

图 5-25 配对结果

例 5 选择两平面用距离进行定位

（1）如前例，打开圆盘零件 yuanpan，并将圆柱销零件 xiao 作为组件添加进来。

（2）选择【装配】→【组件】→【装配约束】命令，或者单击【装配】工具条上的图标 ，出现如图 5-26 所示的【装配约束】对话框。

（3）同例 3 的方法，将圆柱销圆柱面与圆盘孔进行接触装配。

（4）在【装配约束】对话框中选择【类型】为距离，再按图 5-27 所示，选择圆柱销顶面和圆盘上表面作为装配对象，在【距离】选项中输入距离为 5，单击【确定】或【应用】按钮，结果如图 5-28 所示，圆柱顶面高于圆盘上表面 5mm。

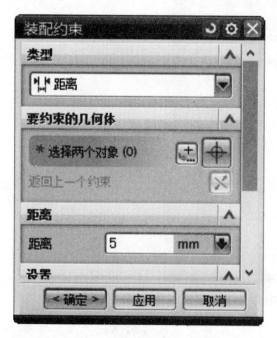

图 5-26 【装配约束】对话框

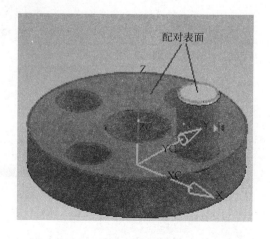

图 5-27 选择配对对象

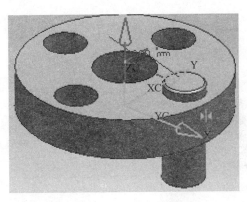

图 5-28 配对结果

例6 选择圆柱面和指定方向平行

（1）打开圆盘零件 yuanpan，进入装配环境，在圆盘外创建一直径为20、长度为50的圆柱，高度方向在 Y 方向。

（2）选择【装配】→【组件】→【新建组件】，或者单击【装配】工具条上的【新建组件】按钮，弹出【新组件文件】对话框，指定新组件的名称为 xiao2，指定存储位置后单击【确定】按钮，系统弹出图 5-29 所示的【新建组件】对话框，用鼠标选择刚才创建的圆柱销，单击【确定】按钮，将其作为新的组件加入到装配体中来。

（3）选择【装配】→【组件】→【装配约束】命令，或者单击【装配】工具条上的图标，弹出如图 5-30 所示的【装配约束】对话框。在该对话框上选择【类型】为平行。

图 5-29 【新建组件】对话框

图 5-30 【装配约束】对话框

（4）按图 5-31 所示，选择圆柱销圆柱面和 ZC 轴作为配对对象，单击【确定】或【应用】按钮，结果如图 5-32 所示。

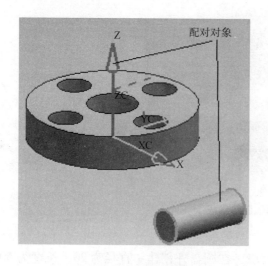 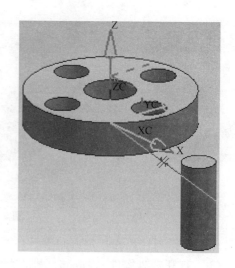

图 5-31　选择配对对象　　　　　　　图 5-32　配对结果

注意：在对各组件进行配对时要注意不能出现相互矛盾的约束条件，当配对条件比较复杂的时候往往需要查询各组件间的配对关系，可以在装配导航器中进行查询。

3. 移动组件

如果使用配对的方法不能满足用户的实际需要，还可以通过手动编辑的方式来进行定位。选择菜单【装配】→【组件】→【移动组件】，或者单击【装配】工具栏上的【移动组件】图标 ，即可打开图 5-33 所示的【移动组件】对话框，选中要移动的对象，再选择移动方式后即可对所选组件进行手工移动，改变其位置，但是不能与已经添加的装配约束条件相互矛盾。

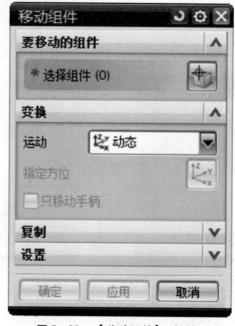

图 5-33　【移动组件】对话框

在【移动组件】对话框上的移动方式分别说明如下：

（1）动态：根据用户鼠标所选位置动态移动定位组件。

（2）通过约束：通过装配约束定位组件。

（3）点到点：用于采用点到点的方式移动组件。选择该选项，弹出【点】对话框，提示先后选择两个点，系统根据这两点构成的矢量和两点间的距离移动组件。

（4）平移：用于平移所选组件。选择该选项，弹出【变换】对话框。该对话框用于沿 X、Y 坐标轴方向移动一个距离。如果输入的值为正，则沿坐标轴正向移动；反之，沿负向移动。

（5）沿矢量：通过沿矢量方向来定位组件。

（6）绕轴旋转：用于绕轴线旋转所选组件。

（7）两轴之间：用于在选择的两轴之间旋转所选的组件。选择该选项，弹出【点】对话框，用于指定参考点，然后弹出【矢量】对话框，用于指定参考轴和目标轴的方向。在参考轴和目标轴定义后，回到和【绕点旋转】类似的对话框，用来旋转组件。

（8）重定位：用于采用移动坐标方式重新定位所选组件。选择该选项，弹出【CSYS 构造器】对话框，该对话框用于指定参考坐标系和目标坐标系。选择一种坐标定义方式定义参考坐标系和目标坐标系后，单击【确定】按钮，则组件从参考坐标系的相对位置移动到目标坐标系中的对应位置。

（9）使用点旋转：用于绕点旋转组件。

5.3 爆炸视图

爆炸视图是在装配模型中拆分指定组件的图形，在图形中组件按装配关系偏离原来的位置。爆炸视图的创建可以方便查看装配中的零件及其相互之间的装配关系。爆炸视图也是一个视图，与其他用户定义的视图一样，一旦定义和命名就可以将其添加到其他图形中。爆炸视图与显示部件关联，并存储在显示部件中。用户可以在任何视图中显示爆炸图，并对该图形进行任何的 UG 操作，该操作也将同时影响到非爆炸视图中的组件。装配爆炸视图一般是为了表现各个零件的装配过程以及整个部件或是机器的工作原理。

5.3.1 爆炸视图的建立

完成部件装配后，可建立爆炸视图来表达装配部件内部各组件间的相互关系。在【爆炸图】工具栏中单击【创建爆炸图】图标，或选择菜单命令【装配】→【爆炸图】→【创建爆炸】，系统会弹出【创建爆炸图】对话框，让用户来输入产生的爆炸视图的名称，单击【确定】按钮即可创建一个新的爆炸视图。

在新创建了一个爆炸视图后，视图并没有发生什么变化，接下来就必须使装配中的组件炸开。在 UG NX 中组件爆炸的方式为自动爆炸，即基于组件关联条件，沿表面的正交方向自动爆炸组件。

在【爆炸图】工具栏中单击【自动爆炸组件】图标，或选择菜单命令【装配】→

【爆炸图】→【自动爆炸组件】，系统会先弹出【类选择】对话框，用户选择要爆炸的组件后单击【确定】按钮，弹出如图 5-34 所示的【爆炸距离】对话框，它用于设置产生自动爆炸时组件之间的距离参数。自动爆炸的方向由用户输入数值的正负来控制。

图 5-34 【爆炸距离】对话框

【增加间隙】选项用于控制自动爆炸的方式。如果不选该选项，则指定的距离为绝对距离，即组件从当前位置移动指定的距离；如果选取该选项，则指定的距离为组件相对于关联组件移动的相对距离。

5.3.2 爆炸视图的编辑

采用自动爆炸，一般不能得到理想的爆炸效果，通常还需要对爆炸视图进行调整。编辑爆炸视图是对所选择的部件输入分离参数，或对已存在的爆炸视图中的部件修改分离参数。如果选择的部件是子装配，则系统缺省设置它的所有子节点均被选中，如果想取消某个子节点，用户需要自己设置。

在【爆炸图】工具图标栏中单击【编辑爆炸图】图标 ，或选择菜单命令【装配】→【爆炸图】→【编辑爆炸图】，系统会弹出如图 5-35 所示的【编辑爆炸图】对话框。该对话框可以实现单个或多个组件位置的调整，在其中输入所选组件的偏置距离和设置偏置方向后，即可完成该组件位置的调整。

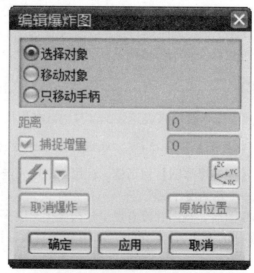

图 5-35 【编辑爆炸图】对话框

5.3.3 爆炸视图的操作

在创建了装配结构的爆炸视图后，还可以利用系统提供的爆炸视图操作功能，对其进行一些常规的修改操作。

1. 复位组件

在【爆炸图】工具图标栏中单击【取消爆炸组件】图标，或选择菜单命令【装配】→【爆炸视图】→【取消爆炸组件】，系统会先弹出【类选择】对话框。用户选择去了要复位的组件后，系统即可使已爆炸的组件回到其原来的位置。

2. 删除爆炸视图

在【爆炸图】工具图标栏中单击【删除爆炸图】图标，或选择菜单命令【装配】→【爆炸图】→【删除爆炸图】，系统会弹出【爆炸图】对话框，其中显示了当前装配结构中所有的爆炸视图的名称，用户可在列表框中选择要删除的爆炸视图，则系统会删除这个已建立的爆炸视图。

3. 显示爆炸与隐藏爆炸

显示爆炸视图是将已建立的爆炸视图显示在图形中。如果此时装配结构中只存在一个爆炸视图，则系统会直接将其打开，并显示在绘制工作区中；如果已经建立了多个爆炸图，则系统会打开一个对话框，让用户在列表框中选择要显示的爆炸图。

隐藏爆炸视图是将当前爆炸视图隐藏，使绘图工作区中的组件回到爆炸前的状态。选择菜单命令【装配】→【爆炸图】→【隐藏爆炸图】，如果此时绘图工作区中存在爆炸视图，则该爆炸视图隐藏，并恢复到原来位置；如果此时绘图工作区中没有爆炸视图，则会出现错误信息提示，说明没有爆炸视图存在，不能进行此项操作。

任务实施

第一步：打开已创建好的底座零件 JD1-1，并将之另存为"assembly"，将该零件作为基础组件。

第二步：单击【开始】→【装配】，进入装配环境，选择【装配】→【组件】→【添加已存在的】命令，或者单击【装配】工具条上的图标，添加已存在的组件，即可弹出【添加组件】对话框，如图 5-36 所示。单击对话框中的【打开】按钮，弹出【部件名】对话框后，选择文件"JD1-3"，单击【OK】按钮，返回【添加组件】对话框，并出现如图 5-37 所示的预览框，可以预览到螺母零件，在【添加组件】对话框中按图 5-36 所示设置参数后，单击【确定】，弹出【点】对话框，在绘图区选择一点，单击【确定】按钮，即可将螺母添加到装配体中，结果如图 5-38 所示。

第三步：用同样的方法将其余 6 个零件都添加到装配体中，结果如图 5-39 所示。

图 5-36 【添加组件】对话框　　　　图 5-37 【组件预览】对话框

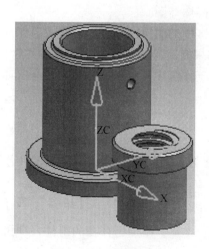
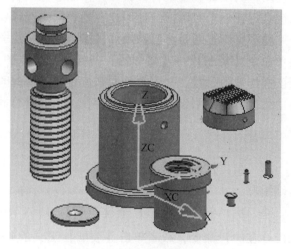

图 5-38 添加结果　　　　　　　　图 5-39 全部添加结果

第四步：在螺母和底座之间添加装配约束。

（1）选择菜单【装配】→【组件】→【装配约束】命令，或者单击【装配】工具栏上的【装配约束】图标，弹出图 5-40 所示的【装配约束】对话框，在该对话框中选择【类型】为接触对齐，在【方位】选项中选择接触，再用鼠标依次选择图 5-41 所示的螺母台阶面和底座顶面作为配对表面，单击【确定】，则系统将螺母移动，使其台阶面与底座顶面等高，两平面法向相反，如图 5-42 所示。

图 5-40 【装配约束】对话框

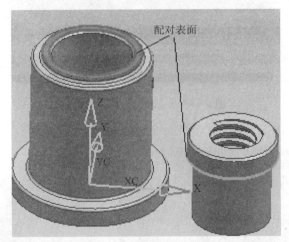

图 5-41 选择配对表面

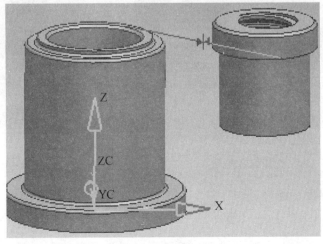

图 5-42 装配结果

（2）同上一步启动【装配约束】命令，按图 5-43 所示设置装配类型及方位参数，选择图 5-44 所示的螺母外圆表面和底座内孔表面作为配对表面，单击【确定】按钮，装配结果如图 5-45 所示。

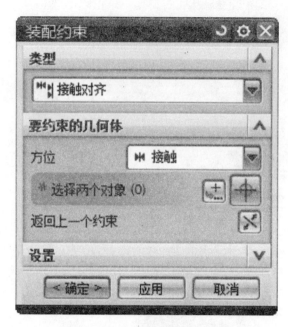

图 5-43 【装配约束】对话框

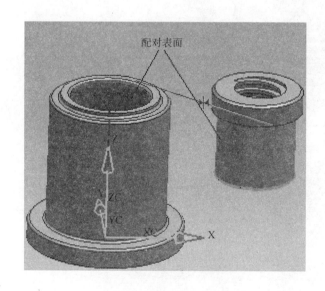

图 5-44 选择配对表面

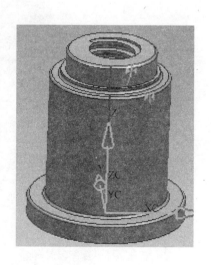

图 5-45 装配结果

第五步：装配 M8 的螺钉。

（1）选择菜单【装配】→【组件】→【装配约束】命令，或者单击【装配】工具栏上的【装配约束】图标 ，弹出图 5-46 所示的【装配约束】对话框，按图中所示选择

【类型】为平行 %，再依次选择螺钉表面和螺纹孔表面作为配对表面，如图 5-47 所示，单击【确定】按钮，结果如图 5-48 所示。如果方向不合适，可单击【装配约束】对话框上的【反向上一个约束】按钮 ❌ 进行调整。

图 5-46　【装配约束】对话框

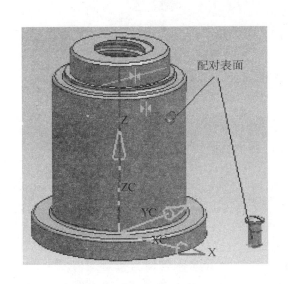

图 5-47　选择配对表面

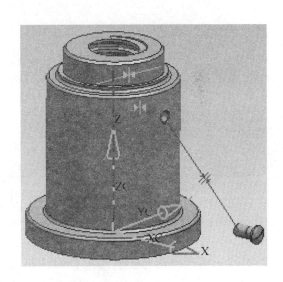

图 5-48　装配结果

（2）再次启动【装配约束】对话框，如图 5-49 所示选择类型为接触对齐 ▶◀，在【方位】选项中选择接触 ▶◀，依次选择螺钉表面和螺纹孔表面作为配对表面，如图 5-50 所示，单击【确定】按钮，结果如图 5-51 所示。

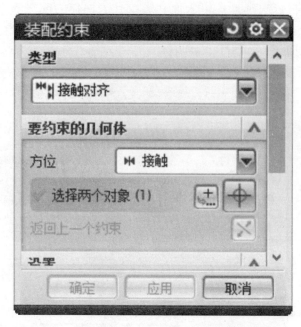

图 5-49 【装配约束】对话框

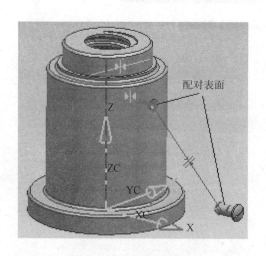

图 5-50 选择配对表面

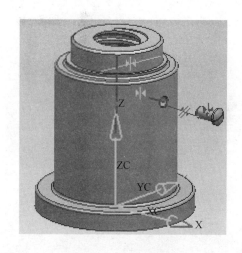

图 5-51 装配结果

（3）再次启动【装配约束】对话框，如图 5-52 所示选择类型为接触对齐，在【方位】选项中选择接触，将底座零件隐藏，依次选择螺钉端面和螺母外圆面作为配对表面，如图 5-53 所示，单击【确定】按钮，结果如图 5-54 所示。最后再将隐藏的底座零件显示在绘图区，结果如图 5-55 所示。

第六步：装配螺杆。

（1）启动【装配约束】对话框，如图 5-56 所示选择类型为接触对齐，在【方位】选项中选择接触，依次选择螺杆台阶面和螺母顶面作为配对表面，如图 5-57 所示，单击【确定】按钮，结果如图 5-58 所示，两平面等高，且其法向方向相反。

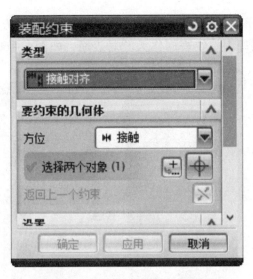

图 5-52 【装配约束】对话框

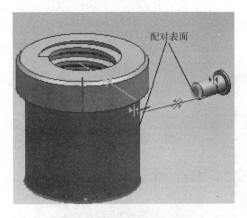

图 5-53 选择配对表面

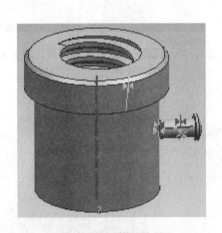

图 5-54 装配结果

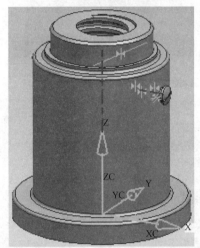

图 5-55 全部显示结果

图 5-56 【装配约束】对话框

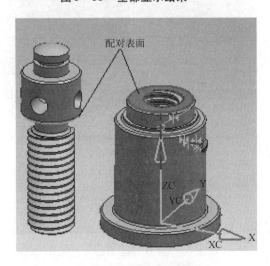

图 5-57 选择配对表面

(2)启动【装配约束】对话框,如图 5-59 所示选择类型为接触对齐,在【方位】选项中选择接触,依次选择螺杆外圆面和螺母内螺纹表面作为配对表面,如图 5-60 所示,单击【确定】按钮,结果如图 5-61 所示,将螺杆装配到螺母中。

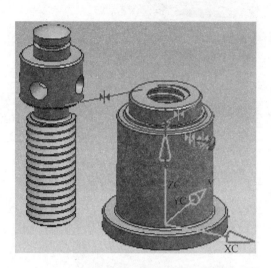

图 5-58 装配结果

图 5-59 【装配约束】对话框

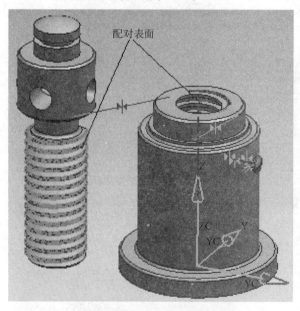

图 5-60 选择配对表面

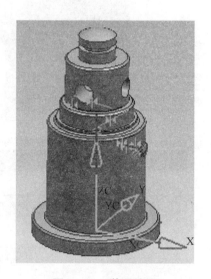

图 5-61 装配结果

第七步:装配顶垫。

启动【装配约束】对话框,选择类型为接触对齐,在【方位】选项中选择接触,依次选择顶垫内球面和螺杆顶部的球面作为配对表面,如图 5-62 所示,单击【确定】按钮,结果如图 5-63 所示,完成顶垫的装配。

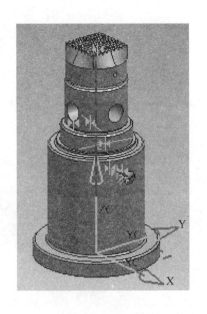

图 5-62　选择配对表面　　　　　　　　图 5-63　装配结果

第八步：装配挡圈。

(1) 启动【装配约束】对话框，选择类型为接触对齐，在【方位】选项中选择接触，依次选择挡圈底面和螺杆底面作为配对表面，如图 5-64，单击【确定】按钮，结果如图 5-65 所示。

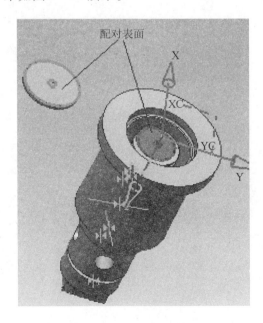
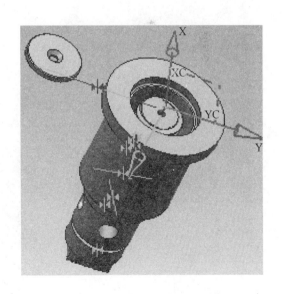

图 5-64　选择配对表面　　　　　　　　图 5-65　装配结果

(2) 启动【装配约束】对话框，选择类型为同心，依次选择挡圈底部边缘和底座边缘作为配对表面，如图 5-66，单击【确定】按钮，结果如图 5-67 所示。

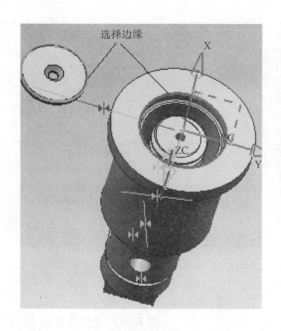
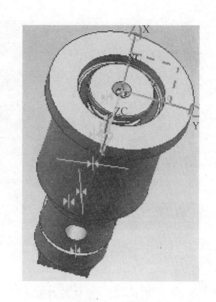

图 5-66 选择配对表面　　　　　图 5-67 装配结果

第九步：装配 M10 的螺钉。

（1）启动【装配约束】对话框，选择类型为接触对齐 ▶◀|▶，在【方位】选项中选择接触 ▶◀，依次选择 M10 的螺钉锥面和挡圈内圈锥面作为配对表面，如图 5-68 所示，单击【确定】按钮，结果如图 5-69 所示。

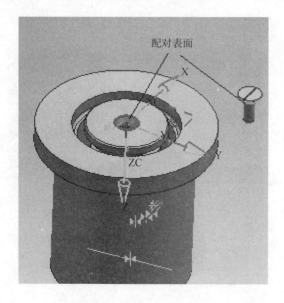
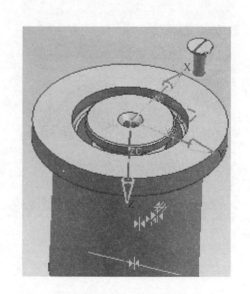

图 5-68 选择配对表面　　　　　图 5-69 装配结果

（2）启动【装配约束】对话框，选择类型为接触对齐 ▶◀|▶，在【方位】选项中选择接触 ▶◀，依次选择 M10 的螺钉外圆表面和挡圈内孔面作为配对表面，如图 5-70 所示，单击【确定】按钮，结果如图 5-71 所示。

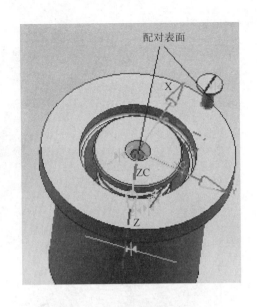

图 5-70 选择配对表面

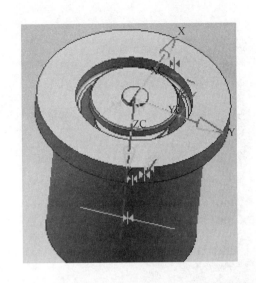

图 5-71 装配结果

第十步：装配 M6 的螺钉。

（1）启动【装配约束】对话框，选择【类型】为平行 ，再依次选择螺钉表面和顶垫螺纹孔表面作为配对表面，如图 5-72 所示，单击【确定】按钮，结果如图 5-73 所示。如果方向不合适，可单击【装配约束】对话框上的【反向上一个约束】按钮 进行调整。

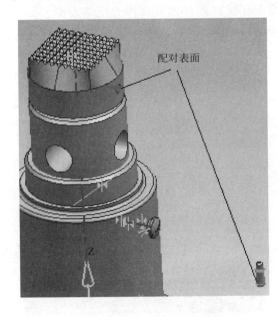

图 5-72 选择配对表面

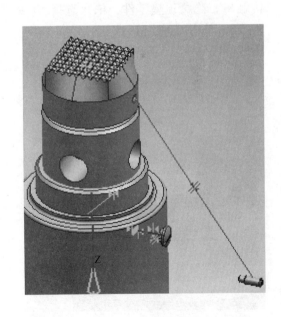

图 5-73 装配结果

（2）启动【装配约束】对话框，选择类型为接触对齐，在【方位】选项中选择接触，依次选择 M6 的螺钉外圆表面和螺纹孔表面作为配对表面，如图 5-74 所示，单击【确定】按钮，结果如图 5-75 所示。

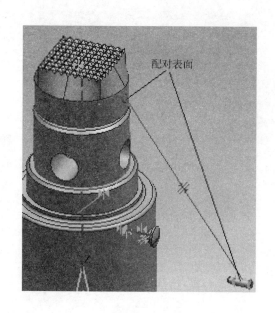
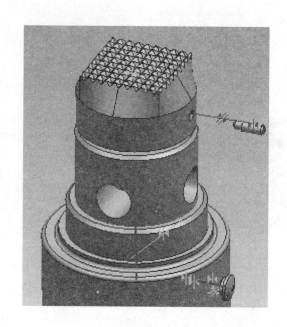

图 5-74 选择配对表面　　　　　　　　图 5-75 装配结果

（3）启动【装配约束】对话框，选择类型为接触对齐 ⇥⇤，在【方位】选项中选择接触 ⇥⇤，隐藏顶垫零件，依次选择 M6 的螺钉端面和螺杆圆柱槽表面作为配对表面，如图 5-76，单击【确定】按钮，结果如图 5-77 所示。最后再将隐藏的顶垫零件显示在绘图区。

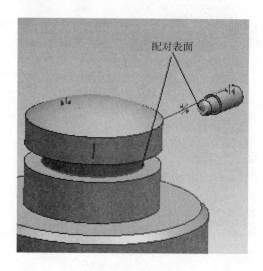
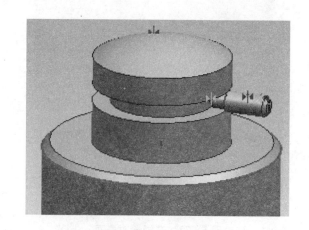

图 5-76 选择配对表面　　　　　　　　图 5-77 装配结果

至此，千斤顶的装配工作完成，可以修改各组件的颜色和显示方式，如图 5-78 所示。

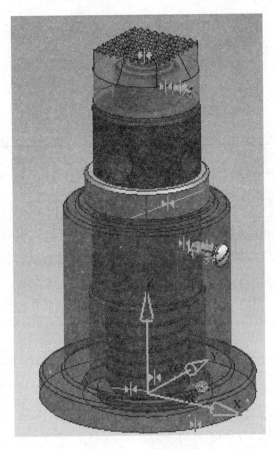

图 5-78 最终结果

本学习单元主要学习装配建模,要掌握装配的基本概念和原理,掌握组件的创建、添加及装配约束方法。本学习单元是后续学习机构运动仿真的基础,在装配过程中采用其他约束方法也能达到装配效果,读者可自行尝试。

装配建模属于 UG 软件的中级功能,主要是为后续的运动仿真、工程图等知识打基础,这部分内容在企业实际生产中运用也十分广泛,读者在学习过程中需要不断地练习,自己去尝试书本上未涉及的内容。

思考与练习

完成下列图形所示的部件装配(见图 5-79~图 5-86)。

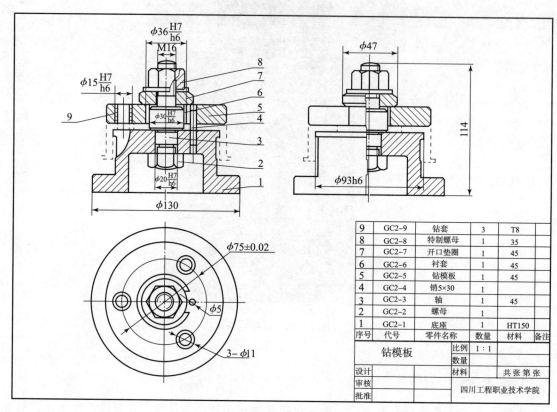

图 5-79 钻模板装配图

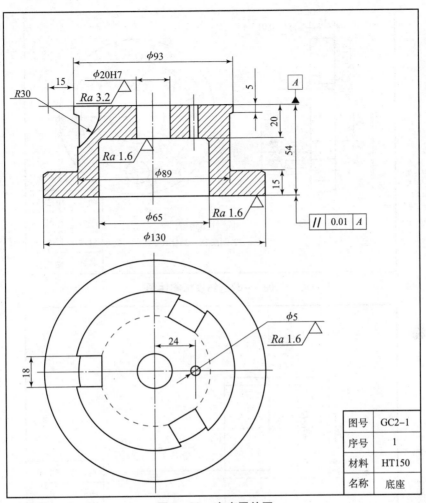

图 5-80 底座零件图

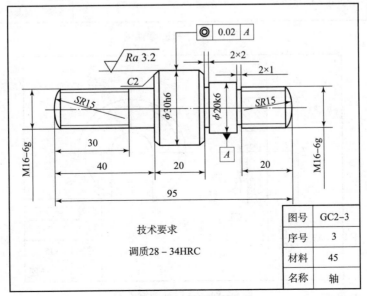

技术要求
调质28-34HRC

图 5-81 轴零件图

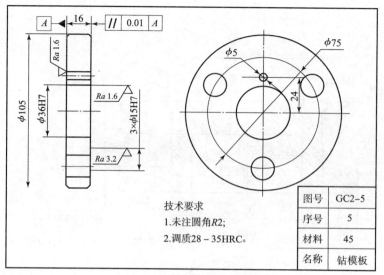

图 5-82　钻模板零件图

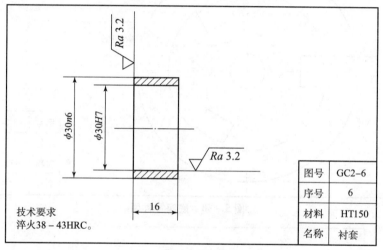

图 5-83　衬套零件图

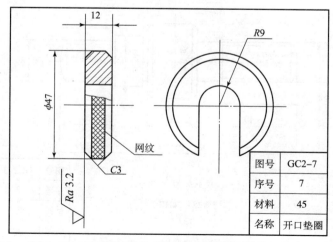

图 5-84　开口垫圈零件图

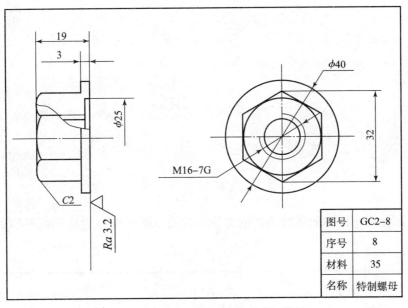

图 5-85 螺母零件图

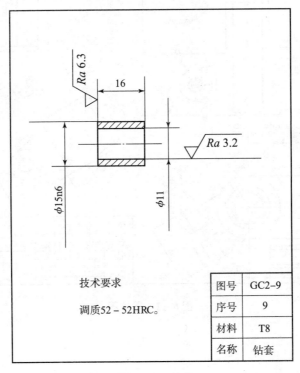

技术要求

调质52-52HRC。

图 5-86 钻套

学习单元六
工程图

任务引入

图6-1所示为一阀体的零件图，创建该零件的三维模型后生成如图所示的工程图，并按要求标注。

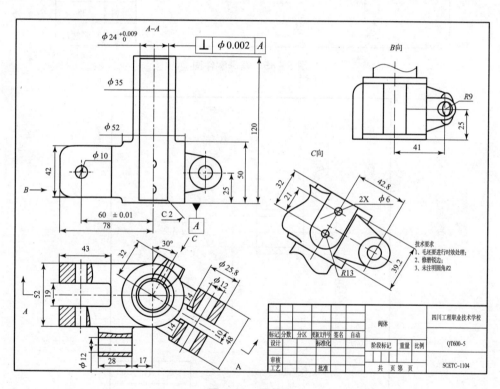

图6-1 零件图

任务分析

本任务涉及图纸页面的建立、投影方式的设置、基本视图及向视图的生成，旋转剖视图、局部剖视图的生成，断开视图的生成，注释样式的设置及尺寸标注、公差标注、形位公差及其他技术要求的标注等，需要读者全面掌握UG工程图模块的基本操作才能完成。

相关知识

利用 UG NX8.0 的【实体建模】功能创建的零件的装配模型，可以引入到 UG 的工程图功能中，快速的生成二维工程图。由于 UG NX8.0 的工程图功能是基于创建三维实体模型的二维投影所得到的二维工程图，因此，工程图与三维实体模型是完全关联的，实体模型的尺寸、形状和位置的任何改变，都会引起二维工程图做出相应的变化。

6.1 工程图概述

启动 UG NX 8.0，在建模环境下创建好零件的三维模型后，单击【开始】→【制图】，如图 6-2 所示，系统就进入了工程图功能模块。如果是第一次进入工程图模块，则会弹出图 6-3 所示的【图纸页】对话框，在该对话框中可选择图纸页面大小、投影比例、单位以及投影方式等。

在投影方式中，有以下两个选项：

图 6-2 选择【制图】环境

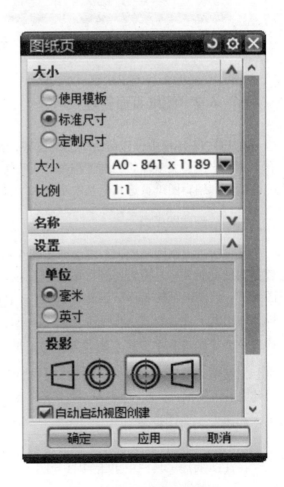

图 6-3 【图纸页】对话框

 第一象限角投影：ISO 标准，GB 标准也与之相同，应选择该选项。

第三象限角投影：英制标准，在英美等国家使用。

正确设置后单击【确定】按钮，即可进入工程图环境。在工程图环境中自动出现了【图纸】、【注释】、【尺寸】等工具栏，如图6-4所示。常用的命令都可以在这些工具栏上找到。

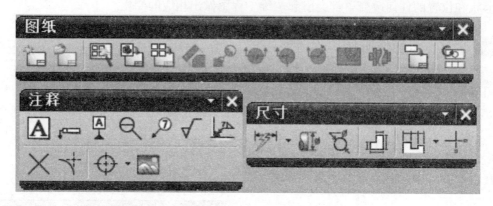

图6-4　工程图工具条

6.2 图纸页面管理

在 UG NX 环境中，任何一个三维模型，都可以通过不同的投影方法、不同的图样尺寸和不同的比例建立多样的二维工程图。工程图管理功能包括了新建图纸页、打开图纸页、删除图纸页和编辑图纸页这几个基本功能。下面分别进行介绍。

6.2.1 新建图纸页

第一次进入制图环境，系统会弹出图6-3所示的【工作表】对话框，在该对话框中设置完图纸页面大小、投影比例、单位以及投影方式等，单击【确定】按钮，即新建了一个图纸页，该图纸页的名称默认为"SHT1"。在有些时候，一个零件或组件需要用两张或两张以上的图纸来进行表达，此时需要新建图纸页。其方法是选择菜单【插入】→【图纸页】，或者单击【图纸】工具栏上的【新建图纸页】图标　，再次弹出图6-3所示的【图纸页】对话框，设置参数后单击【确定】按钮，完成新建图纸页。根据零件或组件的需要，可建立若干图纸页。

6.2.2 打开图纸页

在【图纸】工具栏中单击【打开图纸页】图标　，系统将弹出【打开图纸页】对话框。

对话框的上部为过滤器，中部为工程图列表框，其中列出了满足过滤器条件的工程图名称。在图名列表框中选择需要打开的工程图，则所选工程图的名称会出现在图纸页面名称文本框中，这时系统就在绘图工作区中打开所选的工程图。

6.2.3 删除图纸页

要删除图纸页，可单击菜单【编辑】→【删除】命令，选择要删除的图纸页面即可，或者先选中要删除的图纸页面，直接敲击键盘上的【Delete】键即可。但是在进行删除操作时，不能删除当前正打开的工程图。

6.2.4 编辑图纸页

选中需要编辑的图纸页边框，双击即可打开图6-3所示的【图纸页】对话框，在该对话框上进行新的设置后单击【确定】按钮，系统就会以新的工程图参数来更新已有的工程图。在编辑工程图时，投影角度参数只能在没有产生投影视图的情况下被修改，如果已经生成了投影视图，请将所有的投影视图删除后再执行编辑工程图的操作。

6.2.5 显示图纸页

单击【显示图纸页】图标 ，可在工程图与实体建模之间进行切换显示。

❋ 6.3 视图管理功能

生成各种投影视图是创建工程图的核心问题，在建立的工程图中可能会包含许多视图，UG的制图模块中提供了各种视图管理功能，如添加视图、移除视图、移动或复制视图、对齐视图和编辑视图等视图操作。利用这些功能，用户可以方便的管理工程图中所包含的各类视图，并可修改各视图的缩放比例、角度和状态等参数，下面对各项操作分别进行说明。

6.3.1 基本视图

基本视图是指在三维空间中，三维实体在上、下、左、右、前、后6个平面上的投影视图及ISO轴测图、三角轴测图等8个视图，可根据需要添加需要的视图到图纸页面上。其方法是选择菜单【插入】→【视图】→【基本视图】，或者单击【图纸】工具栏上的【基本视图】图标 ，弹出图6-5所示的【基本视图】对话框，该对话框上的【模型视图】选项中提供了一个三维实体在空间中的8个基本视图供选择。单击【Mode View to Use】选项的下拉列表，可以选择所需的基本视图，如图6-6所示。选中所需视图后移动鼠标到需要的位置，单击左键即可放置该视图。第一个视图生成后，系统默认进入【投影视图】状态，即以第一个视图为基准生成向视图，如果不需要该功能，单击【取消】即可。

图 6-5 【基本视图】对话框

图 6-6 【基本视图】对话框

例 6-1：插入图纸页，添加主视图、俯视图、左视图和轴测图。

（1）在建模环境下创建如图 6-7 所示的零件三维模型。

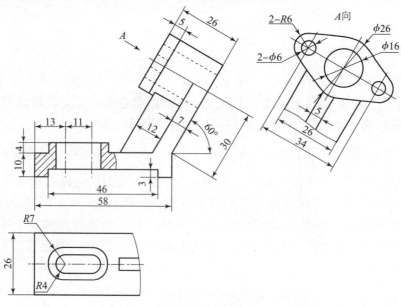

图 6-7 零件图

(2) 隐藏所有的草图、曲线及基准。

(3) 单击【开始】→【制图】，弹出图 6-8 所示的【工作表】对话框，按图中所示选择图纸大小为 A4，刻度尺（比例）为 1∶1，单位为毫米，投影方法为第一象限角投影。如果将该对话框最后一个选项【自动启动基本视图命令】勾选，则单击【确定】按钮后，会自动弹出【基本视图】对话框。此处不选，直接单击【确定】按钮，进入制图环境。

(4) 选择菜单【插入】→【视图】→【基本视图】，或者单击【图纸】工具栏上的【基本视图】图标 ，弹出图 6-9 所示的【基本视图】对话框，在该对话框的【模型视图】选项中选择俯视图【TOP】，将鼠标移动到图纸页面上，会出现如图 6-10 所示的着色的俯视图，该视图会随鼠标移动而移动。当移动到合适的位置后单击鼠标左键，完成俯视图的生成，如图 6-11 所示。

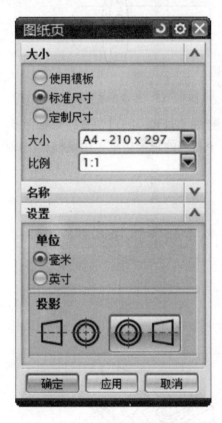

图 6-8 【工作表】对话框

图 6-9 【基本视图】对话框

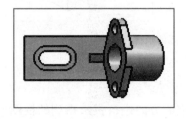

图 6-10 着色的俯视图

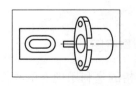

图 6-11 生成的俯视图

(5) 同样的方法选择主视图【FRONT】，在未指定放置点时会出现如图 6-12 所示的对正线，表示俯视图和主视图对正，单击左键后结果如图 6-13 所示。

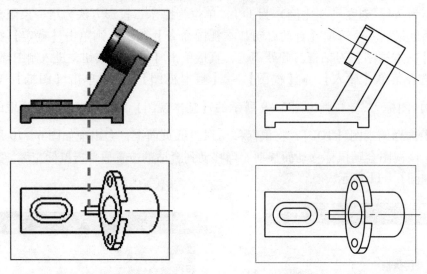

图 6-12 对正主俯视图　　　　图 6-13 生成的主视图

(6) 同样的方法添加左视图【LEFT】和 ISO 轴测图【TFR-ISO】，其结果如图 6-14 所示。该图纸总共有 4 个基本视图，每个视图拥有一个灰色的视图边框。用鼠标选中视图的边框即表示选中该视图，可以进行移动、删除等操作。

(7) 退出之前保存文件。

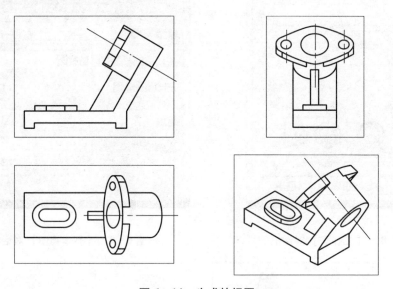

图 6-14 生成的视图

6.3.2 投影视图

投影视图指的是利用现有的视图，根据指定的方向进行投影得到的视图，一般用于生成向视图。选择菜单【插入】→【视图】→【投影视图】，或者单击【图纸】工具栏上的

【投影视图】图标 ◇，弹出图 6-15 所示的【投影视图】对话框，该对话框各选项含义如下：

父视图：选择已有的视图，以此为基础按指定的方向进行投影，默认的父视图为第一次放置的视图。

铰链线：用于控制是否反转投影方向，以及视图的关联性。

视图原点：用于指定视图的投影方向以及投影视图与父视图的对正关系。在该选项中选择【方法】后的下拉列表，可选择相应的方法来确定投影方向如图 6-16 所示。

图 6-15　【投影视图】对话框

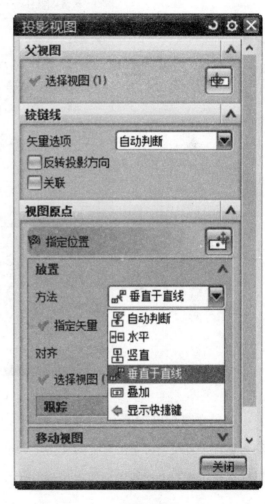
图 6-16　【投影视图】对话框

设置好以上参数后，在图纸页面上指定放置点即可生成所需的向视图，该视图生成后如果位置不合适，可以直接选中视图的边框，按住鼠标左键进行拖动调整。

例 6-2：增加投影视图

（1）打开例 6-1 保存的结果，进入制图环境，因原来插入的左视图不需要，将之选中，删除。

（2）选择菜单【插入】→【视图】→【投影视图】，或者单击【图纸】工具栏上的

【投影视图】图标 ，弹出图 6-17 所示的【投影视图】对话框，此时系统默认的父视图为首先插入的俯视图，与所需不符，应先单击【父视图】选项下的【选择视图】，其背景变为黄色，如图 6-17 所示，再用鼠标选取主视图作为父视图，此时随着鼠标移动到不同方位会出现相应的投影视图。

图 6-17　【投影视图】对话框

（3）在图 6-17 所示的【投影视图】对话框上的【视图原点】选项中，选择放置的方法为垂直于直线，再单击其下的【指定矢量】选项中的【自动判断的矢量】图标，用鼠标选择主视图上的斜边，如图 6-18 所示。

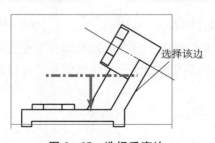

图 6-18　选择垂直边

（4）在【投影视图】对话框上的【放置】选项中的【对齐】选项下单击【选择视图】，再用鼠标选择主视图，表示投影视图与主视图对齐，此时会沿垂直于所选直线的方向得到投影视图，将鼠标移动到需要投影的那一侧，单击鼠标即可得到所需的投影视图，如果位置不合适，可选中该视图的边框进行拖动。最后结果如图6-19所示。

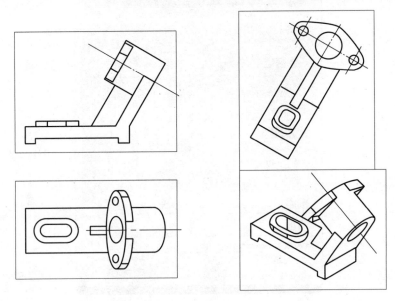

图6-19 最终结果

6.3.3 局部放大视图

局部放大图用于表达视图的细小结构，用户可对任何视图进行局部放大。添加局部放大视图的方法是选择菜单【插入】→【视图】→【局部放大图】，或者单击【图纸】工具栏上的【局部放大图】图标 ，弹出图6-20所示的【局部放大图】对话框，该对话框上各选项的含义如下：

类型：设置局部放大图的标记形状，有圆形和矩形两种，一般选择圆形。
边界：用于绘制局部放大的边界，选择不同的类型，该选项也会有所不同。
父视图：需要放大的部位所在的视图。
原点：放置局部放大图的位置点。
刻度尺：设置局部放大的比例。
父项上的标签：局部放大标签的形式。

在该对话框上的【类型】选项中选择局部放大标记为圆形，系统自动选中【边界】选项中的【指定中心点】选项，用鼠标选择需要放大的部位上一个点作为中心点，系统自动选中【边界】选项中的【指定边界点】选项，随鼠标拖动会出现一个圆形放大边界，如图6-21所示，调整至合理位置后单击左键，并在【刻度尺】选项中设置所需比例，系统自动生成局部放大图形并随鼠标移动而移动，将鼠标移动到需要的位置，单击左键即可完成局部放大图的生成，结果如图6-22所示。

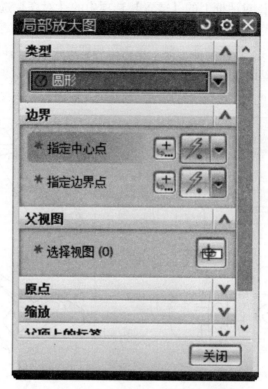

图 6-20 【局部放大图】对话框

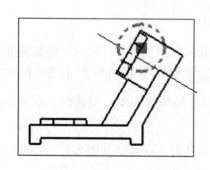

图 6-21 选择放大部位

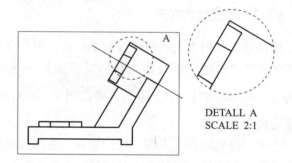

图 6-22 最终结果

6.3.4 全剖视图

添加全剖视图的方法是选择菜单【插入】→【视图】→【剖视图】,或者单击【图纸】工具栏上的【剖视图】图标,弹出图 6-23 所示的【剖视图】对话框,该对话框初始状态只有如图所示三个选项,其中【父】选项的含义是选择需要剖切的视图,当选择后,该对话框自动变化为图 6-24 所示的形状,并将步骤跳转至第二步,即选择剖切位置,同时鼠标处出现剖切线,选择俯视图的中心点作为剖切点,如图 6-25 所示。移动鼠标至俯视图正上方,

图 6-23 【剖视图】对话框

此时出现剖视图的边框以及对正线，如图 6－26 所示，表示剖切后往正上方投影。单击鼠标左键后即可完成剖视图的生成，结果图如 6－27 所示。

图 6－24　【剖视图】对话框

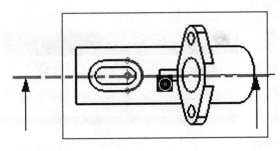

图 6－25　选择剖切点

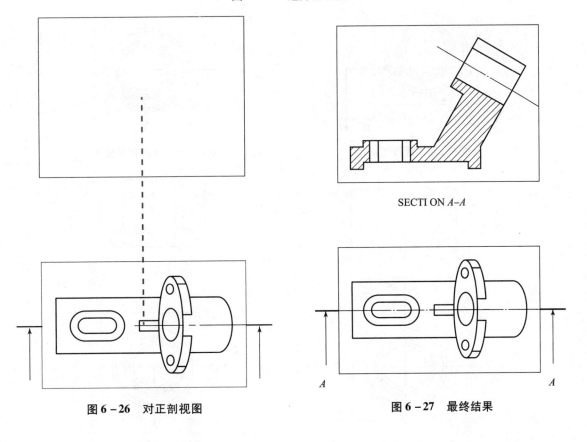

图 6－26　对正剖视图　　　　　　图 6－27　最终结果

6.3.5 半剖视图

半剖视图在工程上常用于创建对称零件的剖视图,它由一个剖切段,一个箭头段和一个弯折段组成。

添加半剖视图的方法是选择菜单【插入】→【视图】→【半剖视图】,或者单击【图纸】工具栏上的【半剖视图】图标 ,弹出图 6-28 所示的【半剖视图】对话框,与前面所讲的全剖视图一样,首先选择要剖切的视图作为父视图,则【半剖视图】对话框自动变化为 6-29 所示的外形,并在鼠标处出现剖切符号,选择零件的中心点作为剖切位置,如图 6-30 所示,再选择同一个点作为折弯位置,如图 6-31 所示。移动鼠标至俯视图上方,如图 6-32 所示,出现对正线后单击左键,结果如图 6-33 所示。

图 6-28 【半剖视图】对话框

图 6-29 【半剖视图】对话框

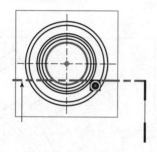
图 6-30 选择剖切点

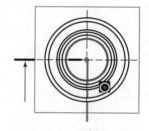
图 6-31 选择折弯位置

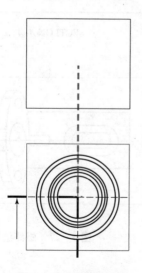
图 6-32 对正视图

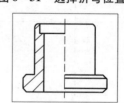

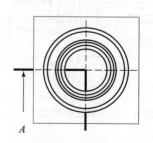
图 6-33 最终结果

6.3.6 旋转剖视图

旋转剖视图常用于生成多个旋转截面上的零件剖切结构。生成旋转剖视图时需要选择旋转中心点和两个剖切点,其他操作与全剖、半剖类似。

选择菜单【插入】→【视图】→【旋转剖视图】,或者单击【图纸】工具栏上的【旋转剖视图】图标, 弹出图 6-34 所示的【旋转剖视图】对话框,选择父视图后,【旋转剖视图】对话框自动变化为图 6-35 所示的形状,用鼠标选择图 6-36 所示的俯视图上的点作为旋

图 6-34 【旋转剖视图】对话框

图 6-35 【旋转剖视图】对话框

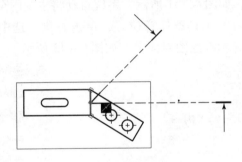

图 6-36 选择旋转点

转点,在选择图 6-37 所示的点作为第一剖切点,图 6-38 所示的点作为第二剖切点,移动鼠标,出现图 6-39 所示的对正线后,单击左键,生成旋转剖视图如图 6-40 所示。

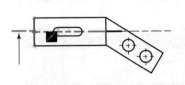

图 6-37 选择第一剖切点

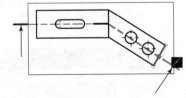

图 6-38 选择第二剖切点

6.3.7 局部剖视图

创建局部剖视图首先需要创建剖切边界线,其方法是利用样条曲线功能,选择合理的

点，通过这些点来创建。创建好所需的样条曲线后，选择【插入】→【视图】→【局部剖视图】，或者单击【图纸】工具栏上的【局部剖视图】图标，弹出对话框后即可进行操作。

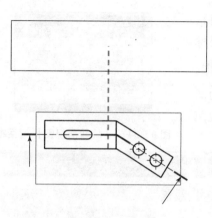

图6-39 对正视图

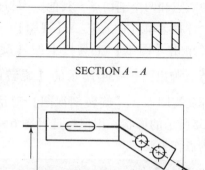

图6-40 最终结果

例6-3 创建局部剖视图

（1）打开例6-2得到的工程图，将鼠标移动到主视图内部，单击右键，在弹出的快捷菜单中选择【扩展（X）】，如图6-41所示，系统自动将主视图全屏显示。

（2）将鼠标移动到现有的工具条任意位置，单击右键，选中【曲线】，如图6-42所示，即将【曲线】工具栏显示在绘图界面上，如图6-43所示。

图6-41 选择扩展

图6-42 选择曲线工具栏

图6-43 【曲线】工具栏

（3）单击【曲线】工具栏上的【艺术样条】图标 ，弹出图6-44所示的【艺术样条】对话框，在该对话框上选择方法为【通过点】 ，将阶次修改为3，并勾选【封闭的】选项。然后在主视图上选择若干个合理的点,生成如图6-45所示的样条曲线,单击【确定】按钮,完成样条曲线生成。再单击鼠标右键,再次选择【扩展(X)】,推出扩展状态。

图6-44 【艺术样条】对话框

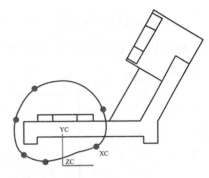

图6-45 创建样条曲线

(4)选择【插入】→【视图】→【局部剖视图】,或者单击【图纸】工具栏上的【局部剖视图】图标 ,弹出图6-46所示的【局部剖】对话框。在该对话框中默认选择【创建】选项。用鼠标选取上一步创建样条曲线的主视图作为父视图,【局部剖】对话框自动转变为图6-47所示的模样。

图6-46 【局部剖】对话框

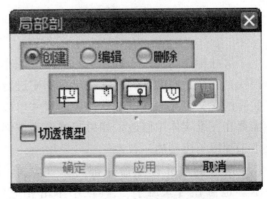

图6-47 【局部剖】对话框

(5) 选择图 6-48 所示的俯视图上的点作为基点,即剖切点,系统自动出现图 6-49 所示的箭头,表示剖切移出方向。

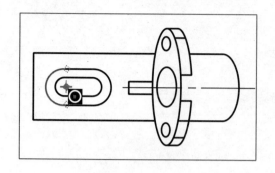

图 6-48 选择剖切点

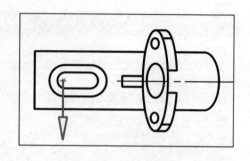

图 6-49 剖切移出方向

(6) 用鼠标单击图 6-47 所示的【局部剖】对话框上的【选择曲线】按钮 ,再用鼠标选择之前创建的艺术样条曲线,单击【应用】按钮,即可生成图 6-50 所示的局部剖视图。

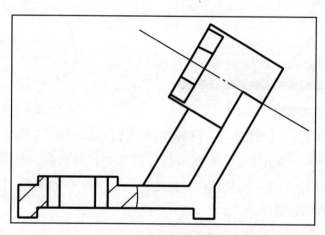

图 6-50 最终结果

6.4 工程图的标注

尺寸标注功能用于标识对象的尺寸大小。由于 UG NX8.0 中工程图模块和三维实体造型模块是完全关联的,因此,在工程图中进行标注尺寸就是直接引用三维模型真实尺寸,具有实际的含义,无法像二维软件中的尺寸可以进行改动。如果要改动零件中的某个尺寸参数,需要在三维实体中修改。如果三维模型被修改,工程图中的相应尺寸会自动更新,从而保证了工程图与模型的一致性。

所有的尺寸标注命令都可以在菜单【插入】→【尺寸】中找到,如图 6-51 所示。也可在【尺寸】工具栏中单击相应的图标按钮启动尺寸标注工具栏,如图 6-52 所示。

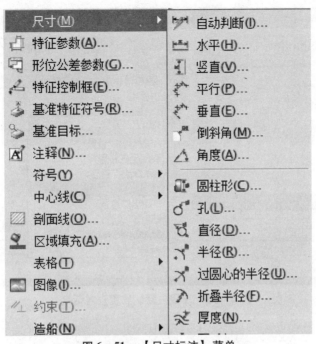

图6-51 【尺寸标注】菜单

图6-52 【尺寸】工具栏

如果直接使用尺寸标注功能标注尺寸，我们会发现这些尺寸不管是外形还是字体都与GB标准有较大差距，为了创建出符合GB标准的工程图，在进入制图环境之前要进行大量的设置，使得到的视图和标注都与GB标准一致。下面介绍设置方法。

6.4.1 基本环境的设置

1. 添加字体

UG NX8.0自带的字体库中没有符合GB标准的字体，在制图中要使用自定义字体必须由用户自己将所需字体添加进字体库中。如果软件安装在C盘，那么一般字体库所在路径是：C：\ Program Files \ UGS \ NX8.0 \ UGII \ ugfonts，打开该文件夹将设置好的字体复制到该文件夹中。目前常用的GB字体样式名为chinesef_ fs.fnx，可在互联网上下载。添加后再重新启动UG NX8.0即可使用了。

2. 设置制图的标准

启动UG NX8.0后，选择菜单【文件】→【实用工具】→【用户默认设置】，弹出图6-53所示的【用户默认设置】对话框，在该对话框左侧选择【制图】→【常规】，在右侧出现的选项中选择【标准】标签，在其下的【制图标注】中打开下拉列表，选择其中的【GB（出厂设置）】选项，表示制图环境中的标注符号按GB标准执行。设置完成后单击【确定】按钮，回到UG主界面。要想让刚才的设置起作用，必须重新启动软件。

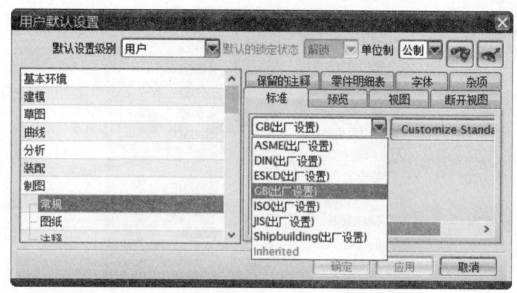

图 6-53 【用户默认设置】对话框

3. 设置视图

前面的学习过程中我们发现 UG 在生成视图时对于看不见的特征不显示，而且圆柱面与平面相切时多出 GB 标准中不需要的边界线，另外视图的颜色、线宽等都不一定符合要求，在使用之前要进行设置，其设置方法如下：

（1）打开模型文件，进入制图环境，选择菜单【首选项】→【视图】，弹出图 6-54 所示的【视图首选项】对话框，在该对话框中可以对视图的颜色、线型、线宽、是否显示隐藏线、是否显示光顺边等进行设置。

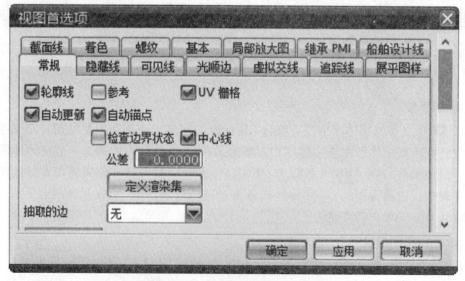

图 6-54 【视图首选项】对话框

（2）单击【隐藏线】标签，可以设置在视图中是否用虚线显示看不见的特征，如果要显示，则需要按图 6-55 所示设置，不需要显示则选择【不可见】选项。用户要根据每个视图的需要，在生成该视图之前进行设置。

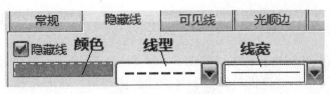

图 6-55　显示虚线

（3）单击【可见线】标签,设置可见线的颜色、线型和线宽。

（4）单击【光顺边】标签,设置曲面与平面相切时是否显示相切边界线,GB 标注是不需要的,而 UG NX8.0 使用的是英制标注,所以要取消对话框上的【光顺边】选项,如图 6-56 所示。

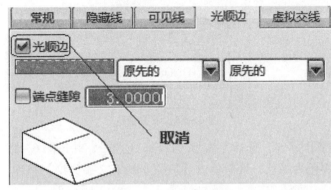

图 6-56　取消光顺边

4. 设置注释

注释选项设置内容比较多,对于初学者,可能要经过多次设置调整才能符合 GB 标准的要求。本节仅讲述最基本的设置。

（1）打开模型文件,进入制图环境,选择菜单【首选项】→【注释】,弹出图 6-57 所示的【注释首选项】对话框,在该对话框上主要设置标注及其他注释的样式。

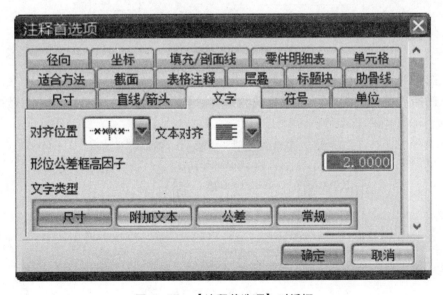

图 6-57　【注释首选项】对话框

(2)首先单击【尺寸】标签,设置尺寸的总体样式,此处需要选择【精度和公差】选项下的【名义尺寸】,将之设置为"2",表示尺寸精确到小数点后 2 位。

(3)单击【直线和箭头】标签,如图 6-58 所示,设置箭头形式为实心的,并按图中所示设置箭头的尺寸。同时单击对话框下部的颜色块按钮,弹出【颜色】对话框后选择箭头的颜色为绿色,并单击【应用于所有线和箭头类型】按钮,完成本部分的设置。

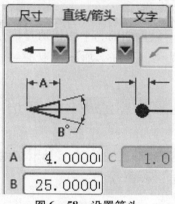

图 6-58 设置箭头

(4)单击【文字】标签,选择字体为"chinesef_fs",并按图 6-59 所示设置文字高度和间隙因子,设置颜色为绿色,最后单击【应用于所有文字类型】按钮,完成设置。

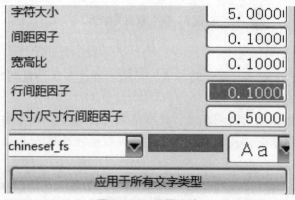

图 6-59 设置文字

(5)选择【符号】标签,将符号标识大小设置为 6。

(6)选择【单位】标签,设置单位为毫米,同时如图 6-60 所示选择小数点形状为句点。

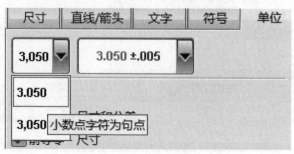

图 6-60 设置单位

(7) 选择【径向】标签,如图 6-61 所示直径和半径的标注形式。

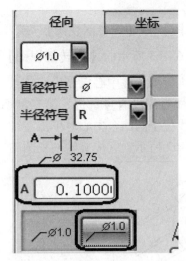

图 6-61 设置直径半径形式

注释一般要经过多次设置才行,针对具体的每个尺寸可能要求也会不尽相同,因此在标注过程中要根据需要灵活的进行修改。

任务实施

本学习单元的任务可按以下步骤来完成:

第一步:复制字体文件,并进行基本设置。

将制图过程中所需的字体文件复制到安装目录下的字体文件夹,启动 UG NX8.0,选择菜单【文件】→【实用工具】→【用户默认设置】,弹出图 6-53 所示的【用户默认设置】对话框,按前述方法设置标准为 GB 标准。

第二步:创建零件的三维模型。

重新启动软件,按图示尺寸创建零件的三维模型,完成后隐藏所有的曲线、草图以及基准特征。

第三步:设置图纸页面。

选择制图环境,选择图纸页面为 A3,设置比例为 1∶1,投影方式为第一象限角投影,单击【确定】,进入制图环境。

第四步:设置视图样式。

按前面所讲的方法设置视图样式,主要注意按 GB 标准取消光顺边。隐藏线设置为不显示。

第五步:设置注释样式。

按前面所讲的方法设置注释样式,注意文字精度、样式、颜色,箭头样式、颜色,尺寸的总体样式等。

第六步:生成俯视图。

选择菜单【插入】→【视图】→【基本视图】,或者单击【图纸】工具栏上的【基本视图】图标 ,弹出【基本视图】对话框,该对话框上的【模型视图】选项中选择

【TOP】,移动鼠标到合适的位置单击左键,在页面上放置好俯视图,如图 6-62 所示。

第七步:生成旋转剖视图。

选择菜单【插入】→【视图】→【旋转剖视图】,或者单击【图纸】工具栏上的【旋转剖视图】图标 ,弹出图 6-63 所示的【旋转剖视图】对话框,选择上一步创建的俯视图作为父视图,选择图 6-64 所示圆柱中心点作为旋转点,然后选择图 6-65 所示的边的中点作为第一剖切点,由于零件右侧没有可选边,第二剖切点可用鼠标选取大概的中心位置,如图 6-66 所示,当剖切线位于两凸台中心时单击左键,鼠标移动到俯视图上方,出现对正符号后单击左键,如图 6-67 所示,完成旋转剖视图的生成,结果如图 6-68 所示。

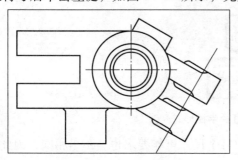

图 6-62 生成俯视图

图 6-63 【旋转剖视图】对话框

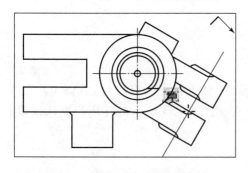

图 6-64 选择旋转点

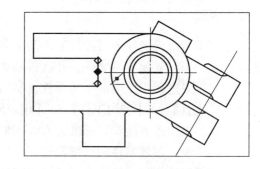

图 6-65 选择第一剖切点

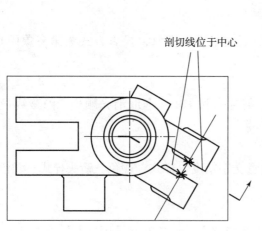

图 6-66 第二剖切点

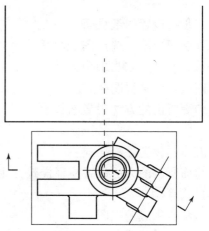

图 6-67 对正视图

第八步：生成 B 向视图。

选择菜单【插入】→【视图】→【投影视图】，或者单击【图纸】工具栏上的【投影视图】图标，弹出【投影视图】对话框后，选择对话框上第一个选项【父视图】下的【选择视图】按钮，用鼠标选取上一步生成的剖视图作为父视图，再将鼠标移动到剖视图右边，出现如图 6–69 所示的对正线，并移动鼠标到合适的位置，单击左键，生成 B 向视图，如图 6–70 所示。

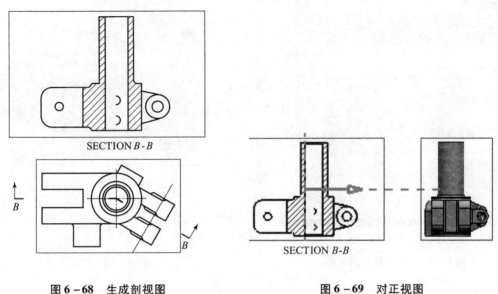

图 6–68　生成剖视图　　　　　图 6–69　对正视图

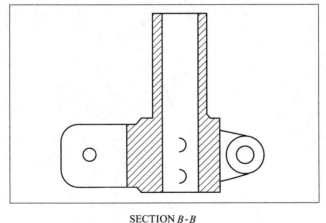

图 6–70　生成向视图

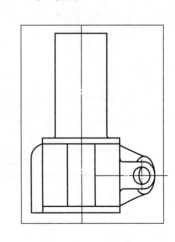

第九步：生成 C 向视图。

同上步，打开【投影视图】对话框，使用系统默认的俯视图作为父视图，在对话框上的【视图原点】选项中选择放置方法为【垂直于直线】，单击其下的【指定矢量】选项中的【矢量构造器】图标，弹出如图 6–71 所示的【矢量】对话框，打开

【类型】下拉列表,选择【两点】,表示用两点构造矢量。用鼠标选择图6-72所示的边的两个顶点,单击【确定】按钮,回到【投影视图】对话框,此时移动鼠标只能垂直于该直线生成投影视图。将鼠标移动到俯视图下方,单击左键,生成所需向视图,可能该视图位置已超出图纸边框,关闭对话框后再移动至合适位置即可。得到的C向视图如图6-73所示。

图6-71 【矢量】对话框

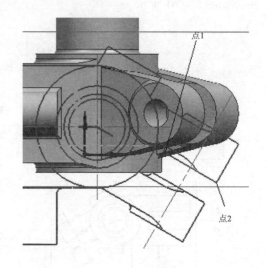

图6-72 选择两点

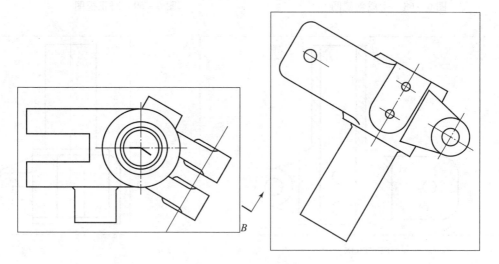

图6-73 生成向视图

第十步:生成断开视图。

因图纸布置的关系,任务中的B向和C向视图需要断开,只显示其中一部分。选择菜单【插入】→【视图】→【断开剖视图】,或者单击【图纸】工具栏上的【断开剖视图】图标 ,弹出【断开视图】对话框如图6-74所示,选择C向视图作为成员视图,系统自动将该视图在窗口内最大化显示，选择【断开视图】对话框内的【曲线类型】为简单断裂 ～，如图 6-75 所示选择左侧轮廓线上两点绘制出断开线。对话框上的【曲线类型】自动调整为构造线 ——，在图上选择合理的几个点，生成如图 6-76 所示的几段直线。

因下方的圆柱也需要断开，所以此时要将【曲线类型】设置为简单断裂 ～，再绘制第二条断开线，如图 6-77 所示。

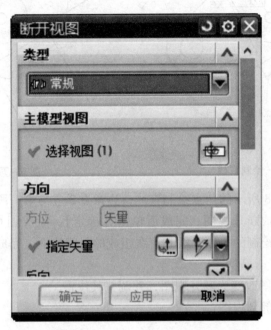

图 6-74 【断开视图】对话框

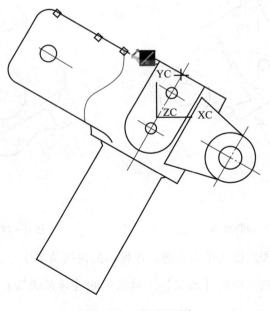

图 6-75 绘制断开线

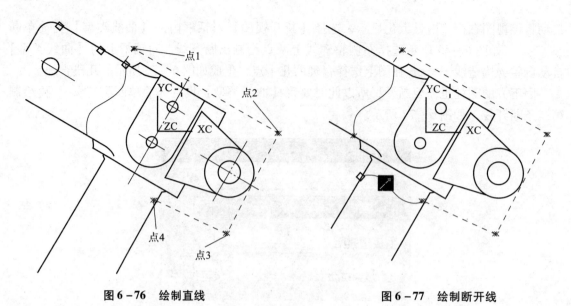

图 6-76 绘制直线　　　　　　　　图 6-77 绘制断开线

然后再选择图 6-78 所示的两点绘制直线，注意点 2 应与第一段断开线的起点重合，这点很重要，否则不能生成断开视图。完成后单击【确定】，生成图 6-79 所示的断开视图。该视图的边框即是刚才绘制的由断开线和直线组成的封闭线框。完成该视图后再移动该视图至合适的位置即可。

用同样的方法将 B 向视图改变为断开视图，并调整其位置。

第十一步：生成局部剖视图。

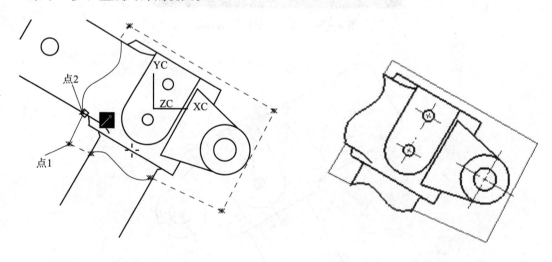

图 6-78 绘制直线　　　　　　　　图 6-79 生成断开视图

将鼠标移动到俯视图边框内单击右键，在弹出的快捷菜单中选择【扩展】，系统自动将俯视图最大显示在窗口内。单击【曲线】工具条上的【样条曲线】图标，弹出图 6-80 所示的【艺术样条】对话框，在该对话框上选择方法为【通过点】，将阶次修改为 3，并勾选【封闭的】选项。如图 6-81 所示绘制所需的 4 条封闭的样条曲线。

图 6-80 【艺术样条】对话框

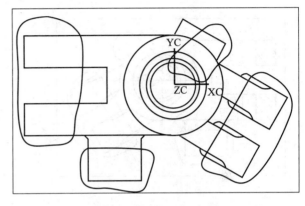

图 6-81 绘制样条曲线

选择【插入】→【视图】→【局部剖视图】,或者单击【图纸】工具栏上的【局部剖视图】图标,弹出【局部剖】对话框。在该对话框中默认选择【创建】选项。并用鼠标选择俯视图作为父视图,此时的 4 个局部剖需要分 4 次完成,剖切不同部位时选择的剖切点及该点所在的视图都有所不同。生成局部剖的操作如图 6-82~图 6-89 所示。再对各视图的中心线进行添加和修改,最终的视图完成后如图 6-90 所示。

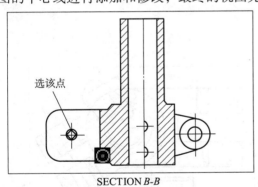

图 6-82 选择点和线

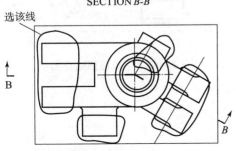

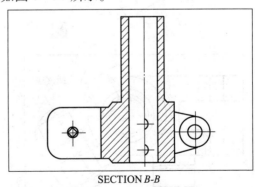

图 6-83 生成局部剖视图

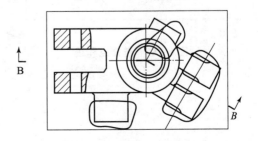

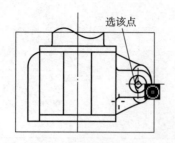

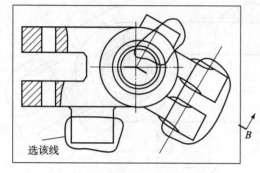

图 6-84 选择点和线

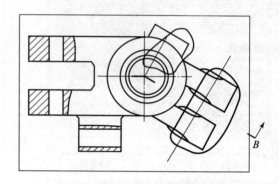

图 6-85 生成局部剖视图

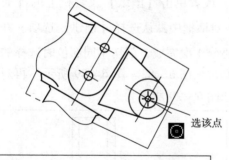

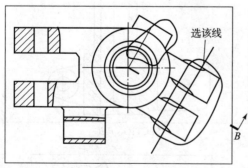

图 6-86 选择点和线

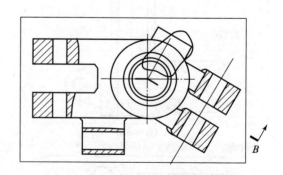

图 6-87 生成局部剖视图

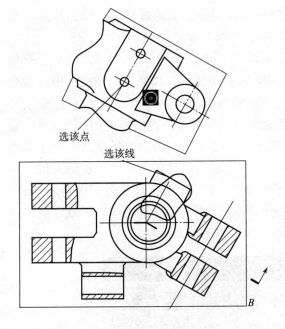
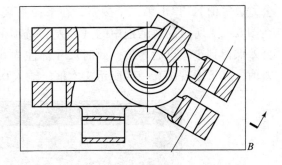

图6-88 选择点和线　　　　　图6-89 生成局部剖视图

第十二步：标注。

自动判断尺寸：选择该功能时系统根据所选对象以及鼠标拖动位置自动判断需要标注的尺寸。其启动方式是选择菜单【插入】→【尺寸】→【自动判断】，或者单击【尺寸】工具栏上的【自动判断】图标 。

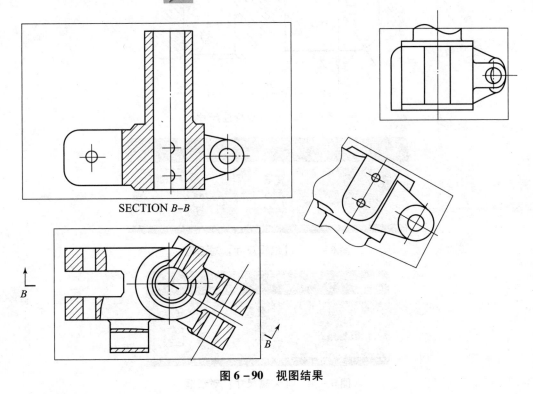

图6-90 视图结果

水平尺寸和竖直尺寸：水平尺寸和竖直尺寸的标注类似，只需选择两点或选择某对象（通常是直线）即可。此处以主视图上的 60 ± 0.01 这个尺寸为例。

选择菜单【插入】→【尺寸】→【水平】，或者在【尺寸】工具栏上打开尺寸下拉列表，选择其中的【水平】 ，系统弹出图 6 - 91 所示的【水平尺寸】对话框，用鼠标在主视图上选择要标注的两点，如图 6 - 92 所示，拖动鼠标到合适的位置，即可标注出该尺寸。该尺寸标注后是没有公差的，添加公差的方法是双击该尺寸，弹出图 6 - 93 所示的【编辑尺寸】对话框，在【值】选项下单击第一个按钮，打开下拉列表，选择该尺寸为【双向公差，等值】，单击第二个按钮，在下拉列表中选择 2，表示尺寸保留到小数点后 2 位。再在图 6 - 94 所示的对话框中的【公差】选项下单击第二个按钮，打开下拉列表选择 3，表示公差保留到小数点后 3 位。此时尺寸标注为 60 ± 0.1，因为默认公差是 0.1，用鼠标双击公差值，其下出现图 6 - 95 所示文本框，输入 0.01，敲击回车键即可。

图 6 - 91　【水平尺寸】对话框

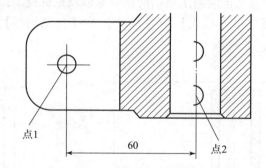

图 6 - 92　选择点标注尺寸

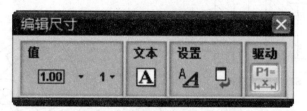

图 6 - 93　【编辑尺寸】对话框

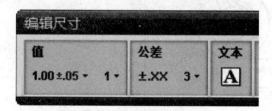

图 6 - 94　【编辑尺寸】对话框

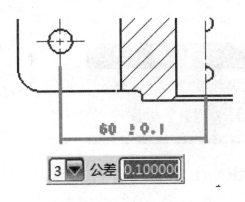

图 6-95 修改公差值

其他的线性尺寸及公差标注与此相同,此处不再赘述,请读者自行标注。

圆柱尺寸:用于标注圆柱的直径。选择菜单【插入】→【尺寸】→【圆柱形】,或者在【尺寸】工具栏上单击【圆柱形】按钮 ,系统弹出图 6-96 所示的【圆柱尺寸】对话框,选择图 6-97 所示的圆柱孔两边缘线,拖动至合适位置即可标注出该孔的直径。该尺寸为不对称公差,其标注方法与上一操作相同,不过应选择尺寸类型为【双向公差】形式,并分别输入上下偏差,如果上偏差为正,则不需输入正号,系统会自动添加。

图 6-96 【圆柱尺寸】对话框

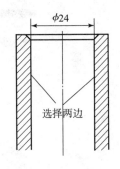

图 6-97 标注直径

半径尺寸/直径尺寸:对于圆或圆弧需要用半径/直径尺寸标注。选择菜单【插入】→【尺寸】→【直径】,或者在【尺寸】工具栏上单击【直径】按钮 ,系统弹出图 6-98 所示的【直径尺寸】对话框,选择主视图左侧的 φ10 的孔,拖动鼠标即可标注出图 6-99 所示的直径尺寸,但该尺寸文字与尺寸线是对齐的,我们要求修改为水平的,其方法是双击该尺寸,在弹出的【编辑尺寸】对话框上选择【设置】选项下的【尺寸样式】按钮 ,弹出图 6-100 所示的【尺寸标注样式】对话框,选择【尺寸】标签,按图中所示修改即可将尺寸修改为水平放置,如位置不合理,可进行调整,结果如图 6-101 所示。

图 6-98 【直径尺寸】对话框

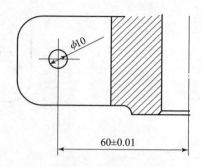

图 6-99 标注直径

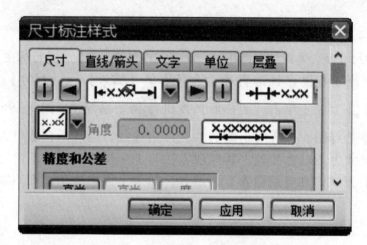

图 6-100 【尺寸标注样式】对话框

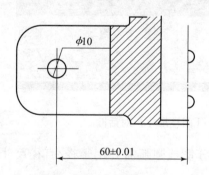

图 6-101 文字水平放置

基准标注：选择菜单【插入】→【基准特征符号】，或者单击【注释】工具栏上【基准特征符号】按钮 ，弹出图 6-102 所示的【基准特征符号】对话框，在该对话框的【基准标识符】选项中输入 "A"，其他用默认设置，用鼠标选中图 6-103 所示的尺寸界线并按住左键不放拖动鼠标到合适的位置即可标注出该基准，结果如图 6-104 所示。

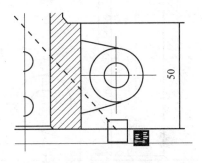

图 6-102 【基准特征符号】对话框　　　　图 6-103 选择对正位置

形位公差:选择菜单【插入】→【特征控制框】,或者单击【注释】工具栏上【特征控制框】按钮 ,弹出图 6-105 所示的【特征控制框】对话框,按图中所示进行设置,随着鼠标移动会出现一个形位公差图框,用鼠标选择之前标注的 φ24 尺寸的尺寸界线,如图 6-106 所示,当该尺寸变成红色时按下左键不放,拖动鼠标到合适的位置,标注出行为公差如图 6-107 所示。

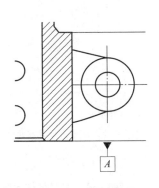

图 6-104 标注结果　　　　图 6-105 【特征控制框】对话框

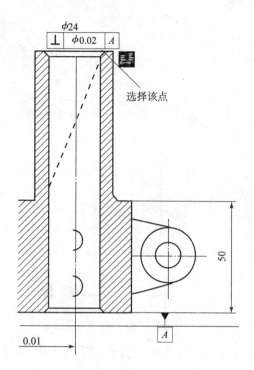
图 6-106 选择对正点

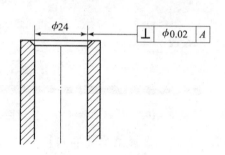
图 6-107 选择对正点

标注技术要求：选择菜单【插入】→【注释】，或者单击【注释】工具栏上【注释】按钮 ，弹出图 6-108 所示的【注释】对话框，在【文本输入】选项中输入所需的技术要求，移动鼠标到合理的位置，单击左键，完成技术要求标注。标注的技术要求如图 6-109 所示。

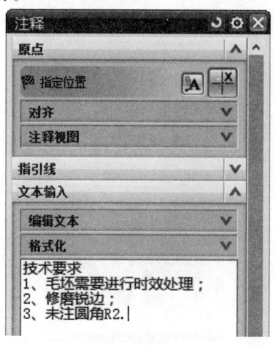

图 6-108 【注释】对话框

技术要求
1.毛坯需要进行时效处理；
2.修磨锐边；
3.未注圆角R2.

图 6-109 标注的技术要求

完成标注后，可插入图框和标题栏，填写相关的内容，完成本任务。

本学习单元主要学习工程图，要掌握工程图的基本设置，掌握各种视图的生成、编辑，能灵活地按照 GB 标注生成零件的工程图，掌握工程图标注的各种操作。

工程图模块在企业应用十分广泛，是进行设计工作必须要掌握的功能。在制图过程中要严格按照标准执行。此外还需要掌握装配图的生成，读者可自己尝试学习书本上未涉及的功能。

思考与练习

完成下列零件的工程图（见图 6-110、图 6-111）。

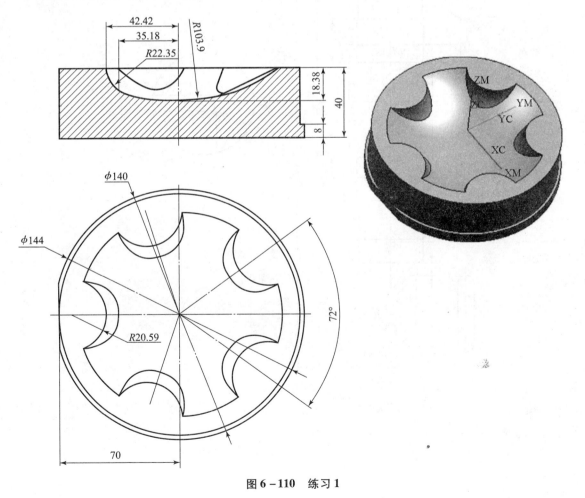

图 6-110　练习 1

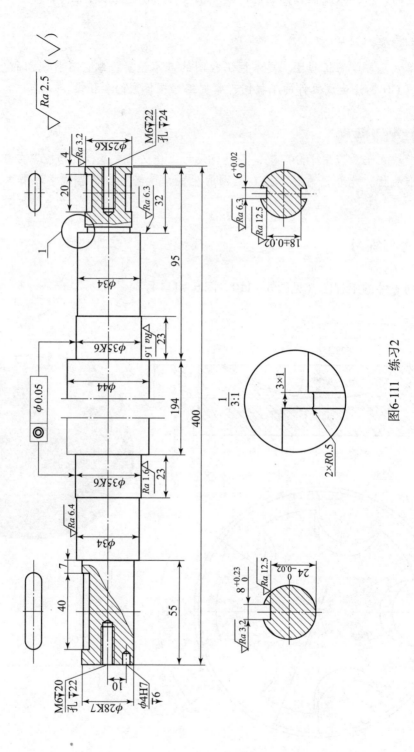

图6-111 练习2

学习单元七

曲面特征

任务引入

图 7-1 所示为一吊钩零件图,按图示尺寸创建该零件的三维模型。

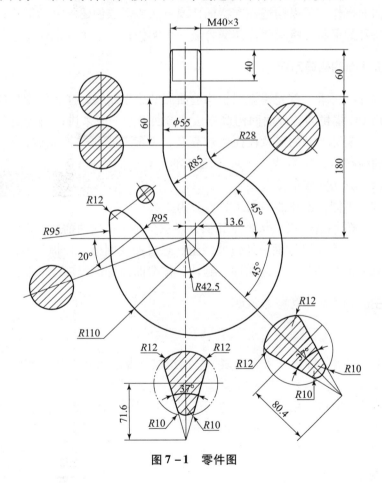

图 7-1 零件图

任务分析

本任务是完成一吊钩零件的三维建模。吊钩的外形为曲面,在不同部位截面形状不同,在造型过程中涉及曲面的创建和编辑修改,这是不同于之前的实体建模的,需要读者熟练掌握曲线的绘制、编辑,掌握各种曲面的生成方法、修改及编辑方法,还需要用到前面所讲的实体建模的知识。

相关知识

7.1 概述

自由曲面是 CAD 模块的重要组成部分，也是体现 CAD/CAM 软件建模能力的重要标志。只使用特征建模方法就能够完成设计的产品是有限的，绝大多数实际产品的设计都离不开自由曲面。

自由曲面既能生成曲面，也能生成实体。用好自由形状特征的基础是曲线的构造，通过采用点、线、片体或者实体的边界和表面来定义自由曲面。

通过自由曲面操作，可以构造标准特征建模方法所无法创建的复杂形状；修剪一个实体从而获得一个特殊的形状；将封闭片体缝合成一个实体；对一个线框模型进行蒙皮等。

7.1.1 自由曲面的构造方法

根据产品的外形要求，首先建立用于构造曲面的边界曲线，或者根据实样测量的数据点生成曲线，使用 UG 提供的各种曲面构造方法构造曲面。一般来讲，对于简单的曲面，可以一次完成建模。而实际产品的形状往往比较复杂，一般都难以一次完成，对于复杂的曲面，首先应该采用曲线构造方法生成主要或大面积的片体，然后进行曲面的过渡连接，光顺处理，曲面的编辑等方法完成整体造型。

根据创建方式不同，创建曲面的工具可分为 3 类：

（1）基于点：利用通过点、从极点和从云点三个命令创建曲面。

（2）基于直线：利用直纹面、通过曲线组、通过曲线网格、扫掠和截面命令创建曲面。

（3）基于面：利用桥接、N 边曲面、延伸、偏置曲面等命令创建的曲面。

7.1.2 自由曲面的术语和参数说明

1. 术语

片体：是 UG 术语，特指一个或者多个表面组成，厚度为 0 的几何物体，通常说的曲面即是指片体。

实体：与片体相对应，由若干个面包围形成的封闭的空间，具有体积和其他质量特性。

曲面连续性：连续性描述了曲面的连续方式和平滑程度，软件中采用 G0、G1、G2、G3 来表示连续性。

2. 参数说明

U 方向和 V 方向通过多行方向大致相同的点或者方向为片体的行，规定为 U 方向，与 U 方向垂直的方向成为片体的列，规定为 V 方向。

U 方向阶次和 V 方向阶次就是描述片体的参数曲线的多项式的幂次数，UG 规定片体的阶次取值在 1~24 之间，一般推荐阶次为 3，最高不要超过 5。阶次越高，曲面偏离其极点越远，后续操作越慢，反之如果阶次越低，曲面越接近极点，后续操作也越快。另外，许多其他 CAD 系统只接受 3 次曲线，阶次越高，数据转换的问题越严重。

7.2 基于点构造曲面

7.2.1 通过点构造曲面

通过点生成曲面一般用于反求工程，即采用测量仪测量出已有产品曲面上的若干点，再通过这些点生成曲面，从而得到零件的三维模型，可用此模型编制数控加工程序，加工出新的产品。

选择菜单【插入】→【曲面】→【通过点】，或单击【曲面】工具栏上的【通过点】图标 ，系统弹出如图 7-2 所示的【通过点】对话框，该对话框选项含义如下：

图 7-2 【通过点】对话框

【补片类型】：用于设置生成的片体包含的曲面数目。选择其中的【多个】选项，表示创建含有多个面的片体；选择【单一】选项，表示创建仅包含一个面的片体。

【沿…向封闭】：该选项用于设置曲面是否闭合以及闭合的方式。选择【两者皆否】选项，表示定义点的列方向和行方向都不闭合；选择【行】选项，表示沿行方向闭合；选择【列】选项，表示沿列方向闭合；选择【两者皆是】选项，表示两个方向都闭合。

【行阶次】和【列阶次】：用于设置行方向和列方向的阶次，最好不要大于 5，一般选择 3。

设置完成后单击【确定】按钮，系统将弹出如图 7-3 所示的【过点】对话框。该对话框上共有 4 个按钮，提供了 4 种选点方式：

【全部成链】：该选项用于选取第一个点和最后一个点，系统会自动选取行中其余点。该方法要求行中的点距小于行间距离。

【在矩形内的对象成链】：该选项可采用矩形选择框来选取一行点，然后选取行中第一个点和最后一个点，系统会自动选取行中其余点。

【在多边形内的对象成链】：该选项可采用矩形选择框来选取一行点，然后选取行中第一个点和最后一个点，系统会自动选取行中其余点。

图 7-3 【过点】对话框

【点构造器】：该选项是用点构造器来逐个选取点，或输入所需点的坐标。根据已有点的特征，单击其中一个按钮后，拾取相应的点即可生成曲面。

7.2.2 通过极点构造曲面

通过极点生成曲面与通过点类似，不同的是曲面不完全经过所选的点。

选择菜单【插入】→【曲面】→【从极点】，或者单击【曲面】工具栏上的【从极点】图标 ，系统弹出如图 7-4 所示的【从极点】对话框，其操作过程和对话框内容与【通过点】构造面相同，只是在单击【确定】后，直接打开了【点】对话框，即只能用点构造器来逐行取点。

图 7-4 【从极点】对话框

注：在选取点的时候，要首先选择第一行的所有点，单击【确定】按钮表示完成第一行点的选取以后，再进行其他各行的选取。对于各行的起始点应该是在同一端。

7.2.3 通过点云构造曲面

从点云创建曲面可以通过一个大的点云生成一个片体，点云通常由扫描和数字化产生。虽然该功能有一些限制，但它能让用户从很多点中用最少的交叉生成一个片体，得到的片体比通过点方式生成的片体要"光顺"得多。

选择菜单【插入】→【曲面】→【从点云】，或者选择单击【曲面】工具栏上的【从点云】图标，系统弹出如图7-5所示的【从点云】对话框。该对话框中的【U向阶次】和【V向阶次】的含义与前面所讲的【通过点】对话框中的相同。【U方向补片数】和【V方向补片数】选项用于设置U方向和V方向的补片数值。

图7-5 【从点云】对话框

7.3 基于曲线创建曲面

基于曲线创建的曲面是全参数化的，如果生成曲面的曲线发生变化，曲面也会随之自动更新。由曲线创建曲面的类型主要有直纹面、通过曲线组、通过曲线网格、扫掠以及剖切曲面等。

7.3.1 直纹面

直纹面是指通过两组曲线串或截面线串来创建曲面，每条截面线串可以由多条连续的曲线、体边界或多个体表面组成。两组截面线串上对齐点是以直线相连的。

选择菜单【插入】→【网格曲面】→【直纹面】，或者在【曲面】工具栏中单击【直纹面】图标 ，系统会弹出图 7-6 所示的【直纹】对话框，选择截面线串并设置参数后，即可生成直纹面。具体操作请见下例。

例 7-1 创建直纹曲面

（1）在两个相互平行的平面上分别绘制一个矩形和一个圆，如图 7-7 所示。

（2）启动【直纹面】命令，弹出【直纹】对话框，如图 7-6 所示。拾取下方的矩形四条边作为截面线串 1，再拾取上方的圆作为截面线串 2，如图 7-8 所示，要求两截面线串的方向要一致，可以通过【直纹】对话框上各截面线串选项下对应的【反向】按钮 来调整方向，可通过【Specify Origin Curve】按钮 来指定线串的起始点。设置完成后单击【确定】按钮，生成图 7-9 所示的实体。可以看到此时的直纹面是扭曲的，这是因为圆的起始点位于圆与 X 轴的交点上，与矩形的起始点没有对正。将圆旋转 45°后再生成的直纹面如图 7-10 所示。

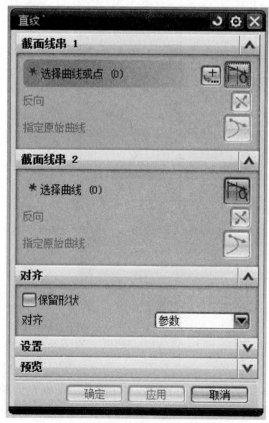

图 7-6 【直纹】对话框

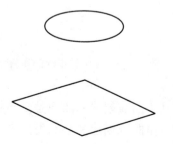

图 7-7 绘制所需线串

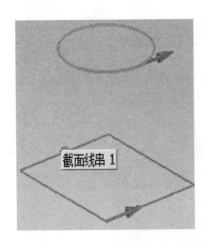

图 7-8 选择截面线串

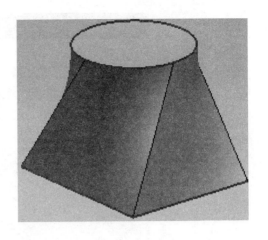

图 7-9 生成直纹面

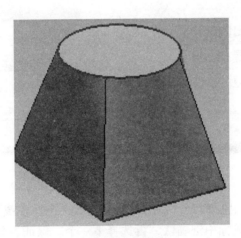

图 7-10 生成直纹面

7.3.2 通过曲线组创建曲面

该方法与直纹面一样，都是根据截面线串来创建曲面，区别在于直纹面只能使用两条截面线串，而通过曲线组可以使用最多 150 条，因此可以创建出复杂的曲面。可以认为直纹面是通过曲线方法的特例。

选择菜单【插入】→【网格曲面】→【通过曲线组】，或者单击【曲面】工具栏上的【通过曲线组】图标 ，弹出如图 7-11 所示的【通过曲线组】对话框，提示用户选择截面线串并设置矢量方向，每选完一个截面线串可按鼠标中键确认，选择完成后单击【确定】即可完成曲面的生成。

例 7-2 通过曲线组创建曲面

（1）绘制图 7-12 所示的 4 个相互平行的矩形并倒角。

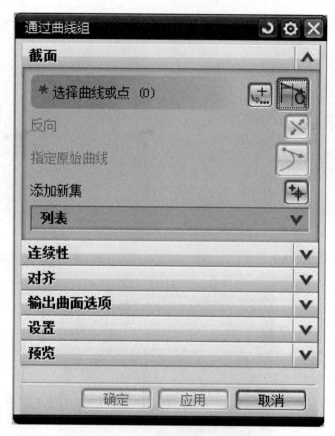

图 7-11 【通过曲线组】对话框

(2) 启动【通过曲线组】命令,弹出对话框后依次选择各截面线串,如图 7-13 所示,选择完一个截面线串后用鼠标中键确认,再选择下一个。保证各截面方向一致。选择完成后单击【确定】按钮,生成曲面如图 7-14 所示。

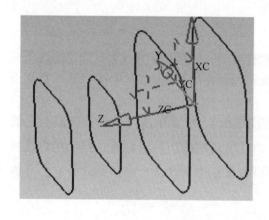

图 7-12 平行曲线组

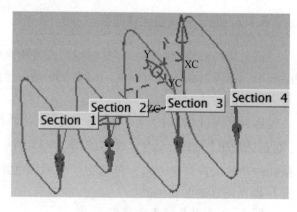

图 7-13 选择截面线串

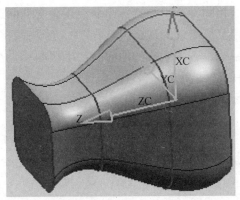

图 7-14　生成曲面

7.3.3　通过曲线网格创建曲面

该方法是通过两组不同方向的线串创建曲面，其中一组线串定义为【Primary Curve】（主曲线），另一组定义为【Cross Curve】（交叉曲线），主曲线必须是平滑连续的曲线，中间不能有拐角，交叉曲线要与主曲线相交。主曲线和交叉曲线均可多达 150 条。由于采用相互交叉的曲线，所以该方法创建的曲面更加复杂，并且能更好地控制其外形。

选择菜单【插入】→【网格曲面】→【通过曲线网格】，或者单击【曲面】工具栏上的【通过曲线网格】按钮 ，系统弹出图 7-15 所示的【通过曲线网格】对话框，让用户选择主曲线和交叉曲线，并设置相应的曲面创建参数。

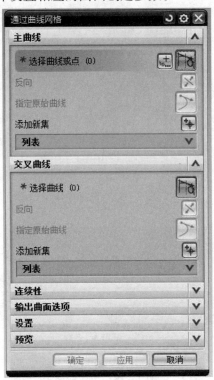

图 7-15　【通过曲线网格】对话框

与通过曲线组创建曲面相同,不论是选择主曲线还是交叉曲线,必须将组成该曲线串的所有对象都选择完成后,用鼠标中键确认,再选择下一个线串,同时所有主曲线的方向要一致,交叉曲线的方向也要一致,否则生成的曲面会产生扭曲、自交等问题。

例 7-3 通过曲线网格创建曲面

(1) 绘制图 7-16 所示的几条曲线。

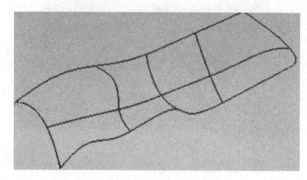

图 7-16 绘制曲线

(2) 启动【通过曲线网格】命令,如图 7-17 所示,选择主曲线和交叉曲线,注意每选择完一条用鼠标中键确认,并保证主曲线和交叉曲线的方向分别一致。选择主曲线和交叉曲线时要依次选择,不能跳过再返回。选择完成后单击【确定】按钮,生成图 7-18 所示的曲面。

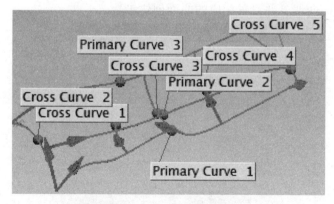

图 7-17 选择线串

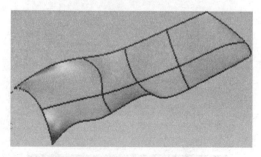

图 7-18 生成曲面

7.3.4 扫掠

通过一系列的截面线串，沿着由引导线串定义的路径进行移动从而得到曲面的方法叫做扫掠。扫掠过程中截面线串最多可以有 150 条，引导线串最多能有 3 条。截面线串可以是封闭的也可以是不封闭的，引导线串可以由多段相切的曲线组成。

选择菜单【插入】→【扫掠】→【扫掠】选项，或者单击【曲面】工具栏上的【扫掠】按钮，弹出图 7 – 19 所示的【扫掠】对话框，选择截面线串、引导线串并进行扫掠设置后即可生成扫掠曲面。

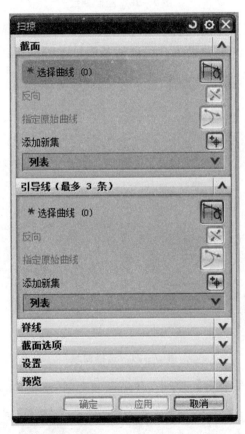

图 7 – 19 　【扫掠】对话框

例 7 – 4 通过扫掠方式创建曲面

（1）绘制图 7 – 20 所示的 5 条曲线作为扫掠对象。

（2）选择【插入】→【网格曲面】→【扫掠】，弹出【扫掠】对话框，依次选择截面线串 1、截面线串 2、截面线串 3，每选择一条后单击中键确定，同时保证 3 条截面线方向一致，可以通过【扫掠】对话框上各截面线串选项下对应的【反向】按钮 来调整方向，可通过【Specify Origin Curve】按钮 来指定线串的起始点。选择结果如图 7 – 21 所示。

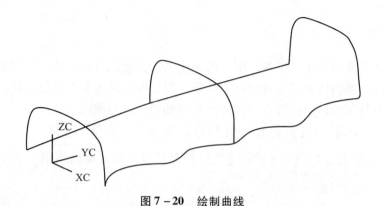

图 7-20 绘制曲线

(3) 用鼠标在【扫掠】对话框上单击【引导线】下的【选择曲线】选项,依次选择两条引导线,选完一条后单击中键确定,保证两条引导线方向一致。同样可以通过【反向】按钮 来调整方向,可通过【Specify Origin Curve】按钮 来指定线串的起始点。选择结果如图 7-21 所示。

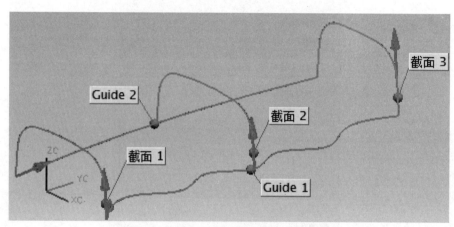

图 7-21 选择曲线

(4) 选择完成后单击【确定】按钮,生成曲面如图 7-22 所示。

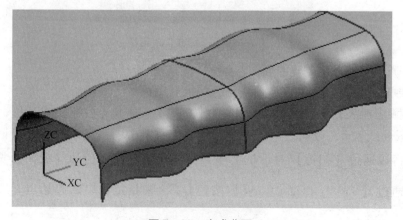

图 7-22 生成曲面

7.4 剖切曲面

剖切曲面是通过一系列二次曲线来生成曲面。选择菜单【插入】→【网格曲面】→【截面】，或者单击【曲面】工具栏上的【剖切曲面】图标 ，弹出图7-23所示的【剖切曲面】对话框。打开【类型】选项会出现生成剖切曲面的各种方法。

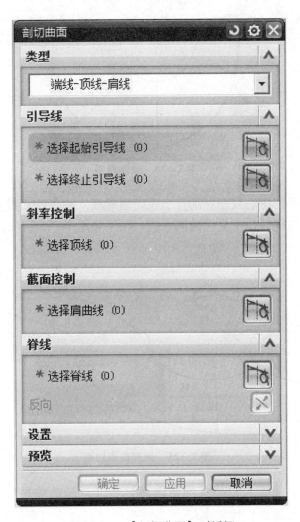

图7-23 【剖切曲面】对话框

任务实施

经过分析，本单元的任务可按以下步骤来完成：

第一步：选择一个平面，按任务图纸所示尺寸绘制图7-24所示的草图，注意线条的相切、相交等关键点，图中直线为各截面位置的中心线。

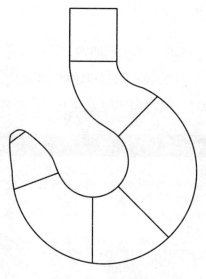

图 7-24 绘制草图

第二步：过各截面的中心线建立垂直于底面的平面，并在各平面上绘制出截面图形的一半，注意各截面图形应同时位于底面的同一侧。结果如图 7-25 所示。

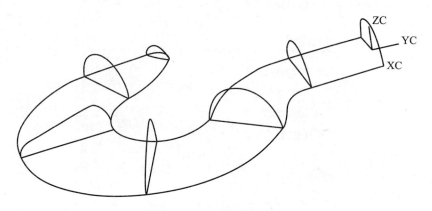

图 7-25 绘制截面线框

第三步：选择菜单【插入】→【网格曲面】→【通过曲线网格】，或者单击【曲面】工具栏上的【通过曲线网格】按钮，系统弹出【通过曲线网格】对话框。在该对话框上首先选中【主曲线】下的【选择曲线或点】选项，选择两条线串，每选完一个按中键确定，注意线串的方向要一致。结果如图 7-26 所示。

第四步：在【通过曲线网格】对话框上选中【交叉曲线】下的【选择曲线】选项，依次选择 7 个截面线串，每选完一个按中键确定，注意截面线串的方向要一致。结果如图 7-26 所示。选择完成后单击确定，生成图 7-27 所示曲面。

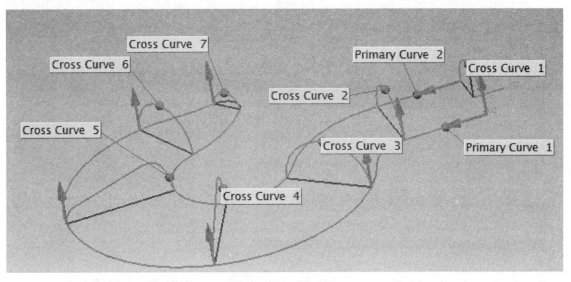

图 7-26 选择曲线

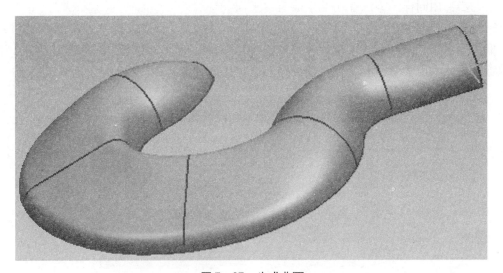

图 7-27 生成曲面

第五步：将该曲面通过第一步绘制草图的平面镜像到下方，结果如图 7-28。

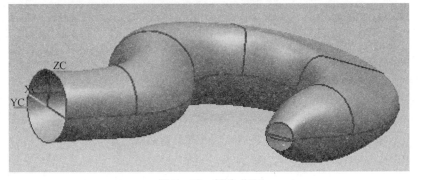

图 7-28 镜像曲面

第六步：选择菜单【插入】→【曲面】→【有界平面】，弹出图 7-29 所示的【有界平面】对话框，选择两个片体的大端边界线，如图 7-30 所示，生成圆形有界平面。

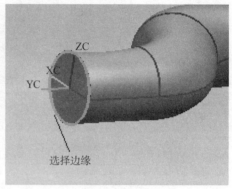

图 7-29　【有界平面】对话框　　　　图 7-30　生成有界平面

第七步：用同样的方法在小端生成有界平面。

第八步：选择菜单【插入】→【组合体】→【缝合】，弹出图 7-31 所示的【缝合】对话框，用鼠标选中已有的 4 个片体中的一个，再将其他 3 个都选中，单击【确定】按钮，完成缝合，从表面上看没有变化，但已将四个片体缝合成实体。

图 7-31　【缝合】对话框

第九步：用回转体的方法生成小端的球冠，再在大端添加圆柱和螺纹特征，并进行布尔运算，最终结果如图 7-32 所示。

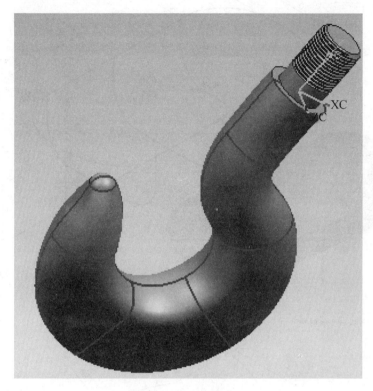

图 7-32　最终结果

本学习单元主要学习曲面造型技术，这是 CAD/CAM 软件中造型的难点。通过一个实例的讲解，读者对曲面造型有了初步的了解，希望大家在后边的学习过程中注意总结。

曲面造型是编制曲面零件数控加工程序的基础，对于学习 CAD/CAM 软件来说是必须要掌握的内容。曲面造型灵活多变，在学习过程中会遇到很多的困难，只有通过大量的练习，不断地去尝试、总结才有可能将这部分内容学好。

思考与练习

完成下列曲面零件的造型（见图 7-33～图 7-37）。

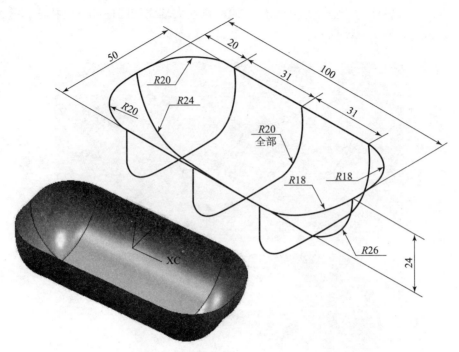

图 7-33 练习 1

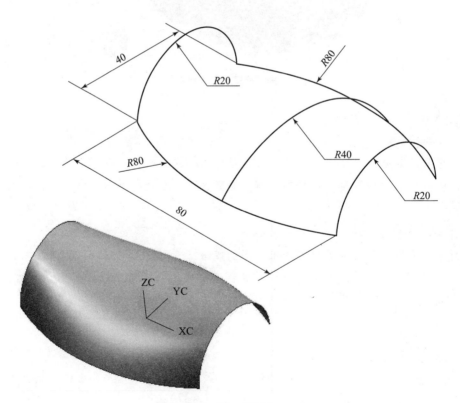

图 7-34 练习 2

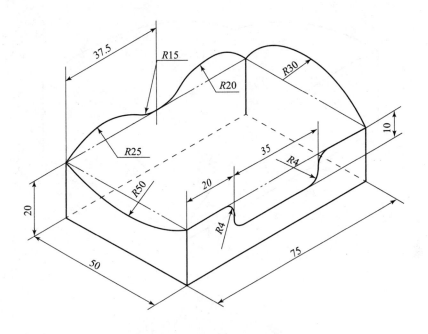

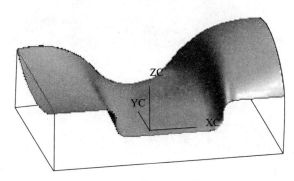

图 7-35 练习 3

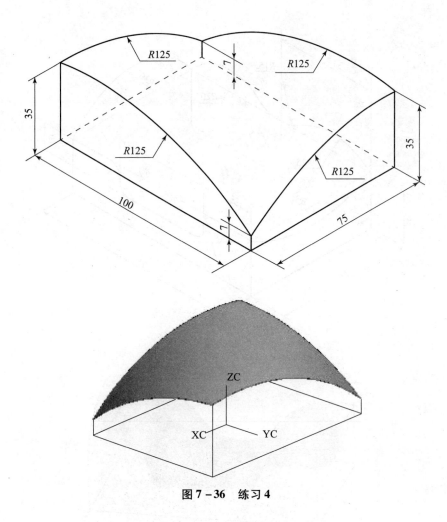

图 7-36 练习 4

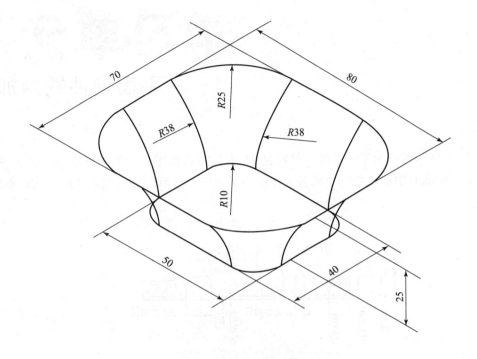

图 7-37 练习 5

学习单元八
平面零件铣削加工

任务引入

图 8-1 所示零件为平面零件，材料是 45 钢。完成该零件的数控铣削加工工艺的编制，并使用 UG NX8.0 的加工功能生成各工序的刀具轨迹，仿真验证后生成特定格式的数控加工程序。

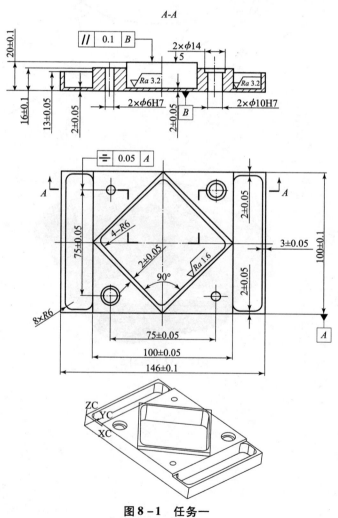

图 8-1 任务一

任务分析

该零件采用 146×100×25 的长方体作为毛坯，底面和四个侧面已完成加工，生成批量为小批量，采用 FANUC 系统的三轴数控加工中心进行加工。该零件的加工部位底面都是平的，侧面与底面垂直，具有该特点的零件就称为平面零件。要编制数控加工程序，首先要编制合理的数控加工工艺，再根据工艺生成各工序的刀具轨迹，对轨迹进行验证无误后，选择并设置合理的后置处理器，生成符合数控系统格式的数控程序，最后在数控机床上进行试加工。

因此要完成本任务，需要综合应用数控加工工艺、刀具、数控机床、夹具等知识，编制出合理的数控加工工艺，还要灵活掌握 UG NX8.0 的加工操作，生成合理的数控加工程序，在进行试加工时还要掌握数控机床的操作。

相关知识

8.1. 设置加工环境

零件的三维模型创建好之后，就可以用软件来编制其数控加工程序。要进行编程，首先要进入软件的加工模块，其方法是选择起始选项【开始】→【加工】，如图 8-2 所示。如果是第一次进入加工环境，系统会弹出如图 8-3 所示的对话框，提示进行加工环境的设置。该对话框中上半部分列出了加工的配置文件，下半部分列出了相应的配置文件所包含的模块文件。选择与零件相应的加工配置，单击下方的【初始化】按钮，就能进入加工环境了。

图 8-2 选择加工模块

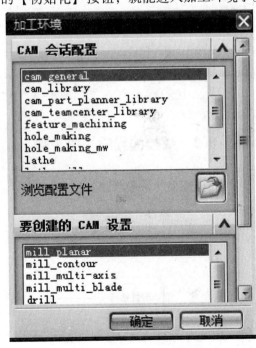

图 8-3 加工环境初始化

进入加工环境后，就可以对零件进行各种加工操作。加工环境的工作界面如图 8-4 所示，出现了一些在加工环境中特有的工具条，各工具条的命令将在后续内容中介绍。

图 8-4　加工环境工作界面

8.2　数控编程的一般步骤

进行数控编程的一般步骤如图 8-5 所示：

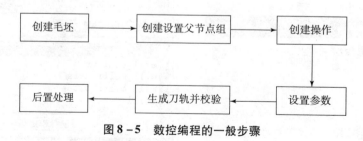

图 8-5　数控编程的一般步骤

下面就各步骤的工作内容做简要介绍：

8.2.1 创建毛坯

毛坯是根据零件形状创建的,利用二维线框编程时可用线边界定义毛坯,三维零件加工用实体来定义毛坯。其主要作用是:

(1) 根据毛坯形状确定走刀轨迹,生成加工程序;
(2) 毛坯可用来定义加工范围,便于控制加工区域;
(3) 可利用毛坯来进行实体模拟,验证刀轨是否合理。

不设置三维毛坯则不能进行动画仿真验证。

8.2.2 创建设置父节点组

父节点组是用来管理零件加工过程中的加工顺序、加工坐标系和加工对象、刀具以及加工方法的。系统自带的父节点组有四种,分别是程序、几何体、刀具和加工方法,父节点组中存在的信息会被其下属的各种操作继承。父节点组的管理查询是在【操作导航器】中进行的,本书将在后续内容中做介绍。

8.2.3 创建操作

操作指的是对零件进行的各种加工。进入加工环境并进行初始化后,选择菜单【插入】→【操作】,或者单击【插入】工具条上的创建操作图标 ,出现如图8-6所示的【创建操作】对话框。该对话框中的【类型】选项用来选择加工方法,单击【类型】下拉列表项,可弹出多个选项,主要有 mill_ planar(平面铣削)、mill_ contour(固定轴曲面轮廓铣削)、mill_ multi-axis(多轴铣)、drill(钻削)、hole_ making(孔加工)、turning(车削)、wire_ edm(线切割)等,如果用户自己开发了其他加工方法,还可以通过【浏览】选项进行选择添加。每一种加工类型对应多个子选项,子选项主要用来确定走刀方式。

8.2.4 设置加工参数

创建操作后,要对该加工操作设置各种参数,除了普通加工工艺中要考虑的切削速度、进给量、背吃刀量等以外,还要设置如安全距离、顺逆铣方式、进刀→退刀方式等,不同的加工类型所需要设置的参数有所不同,具体的设置在后续章节中介绍。只有设置的参数正确、合理,才能生成正确的刀具轨迹,编制正确的加工程序,保障加工的安全性,加工出来的零件尺寸及表面质量才能满足要求。

8.2.5 生成刀轨并校验

设置好所有参数后,执行【生成刀轨】命令就可以生成刀具轨迹了,生成的轨迹是否合理,可以通过校验的方法来进行验证。单击每一步操作对话框后的图标,就可以进行刀轨的验证。刀轨验证有重播、3D动态模拟和2D动态模拟三种方式,重播方式只显示刀具的运动过程,3D和2D动态模拟可以动态检查刀具和零件、毛坯的干涉和过切,同时还可以检查零件加工完后是否达到尺寸要求。

图 8-6 【创建操作】对话框

该步骤是非常重要的一个步骤，通过验证，可以检验操作设置是否合理，从而保证后置处理得到的程序是正确的，实际加工过程中在保证零件加工质量的同时保证安全性。

8.2.6 后置处理

后置处理是指由后置处理器读取 CAM 系统所生成的刀具路径文件，从中提取相关的加工信息，并按照指定的数控机床的特点以及 NC 程序的格式要求进行分析处理，生成 NC 程序。不同的数控系统生成的 NC 程序不尽相同。

8.3 铣削加工类型

在 UG 软件的，加工类型分为铣削加工、车削加工、线切割加工及孔加工。铣削加工又分为固定轴铣削和多轴铣削，其中固定轴铣削又可分为平面铣削、固定轴曲面轮廓铣削等。

8.3.1 平面铣削

平面铣削的特点是刀轴固定，侧面与底面垂直，底面是与刀轴垂直的平面。符合这种特征的零件均可用平面铣削来进行加工。加工时平行于零件底面进行多层铣削。

平面铣削适用于粗、精加工，可生成多层刀具路径，也可生成单层刀具路径。图 8-7 所示的零件就适用于平面铣削。

图 8-7 平面类零件

8.3.2 固定轴曲面轮廓铣削

固定轴曲面轮廓铣削用来加工简单的规则曲面,粗加工和精加工分别对应不同的子类型。本书将在学习单元 9 中作具体的介绍。

8.3.3 多轴铣削

多轴铣削也称为变轴铣削,其特点是刀轴不固定,也就是说要采用四轴或四轴以上机床进行加工。这种加工方法主要适合于复杂的曲面零件。

8.4 利用二维线框加工平面实例

前面已介绍了平面铣削加工的特点,本节将通过具体的实例介绍创建平面铣削的具体方法和步骤。创建平面铣削加工一般有两种方式,一种是直接使用二维线框,一种是使用三维实体。本节介绍如何利用二维线框创建平面铣削。

二维线框铣削加工适合于简单零件的加工。这些简单零件可以直接画成草图或二维线框,而不用绘制三维零件。此方法的优点是方便、简单,但局限于二维线框方式,不够直观。

二维线框铣削加工适用的加工子类型通常为【FACE_MILLING】和【PLANAR_MILL】,这两种加工子类型可以用实体表面和实体边线作为加工边界,也可以利用二维线框定义加工边界,可用于粗加工平面,粗、精铣直壁零件轮廓以及直壁型腔。

现在要加工如图 8-8 所示零件的上表面,要求采用面铣刀将对该表面进行铣削,铣削深度为 10mm。

如果已经创建了该零件的三维模型,在加工该表面时,可以直接选择零件的表面,系统会自动识别零件表面的边界轮廓作为二维铣削的边界。但是对于这样简单的表面来说,可以不用创建三维模型,而是通过利用二维线框来定义需要加工的表面边界,从而实现对该表面的加工,同时减少工作量。

下面,我们将对该表面进行加工操作,具体步骤如下:

1. 加工前的准备工作

首先分析零件及其加工要求,确定该零件的毛坯为长方体,利用二维轮廓来加工。创建如图 8-9 所示的矩形框,其在 x 方向长度为 200mm,在 y 方向长度为 100mm,顶点坐标 (0, 0, 0)。

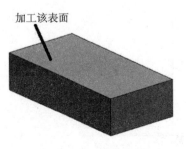

图 8-8 长方体零件

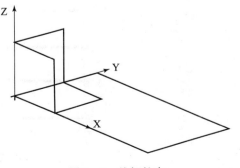

图 8-9 线框轮廓

根据零件加工要求确定出加工方案,机床为三轴立式加工中心,刀具为 $\phi 63$ 的面铣刀,分为粗、精加工两步完成。精加工余量为 0.5mm。

2. 加工环境初始化

选择【开始】→【加工】,打开加工环境初始化对话框,如图 8-10 所示。在【CAM 会话配置】选项中选择【cam_general】,在【要创建的 CAM 设置】中选择【mill_planar】,单击【初始化】按钮,进入加工环境。

图 8-10 加工环境初始化

进入加工环境后,在屏幕的左侧,除了在建模方式下原有的【装配导航器】、【约束导航器】和【部件导航器】外,增加了【操作导航器】、【机床导航器】和【加工特征导航器】,如图 8-11 所示。操作导航器记录了加工操作的各个步骤,我们可以通过该导航器查询各父节点之间的关系,可以对其进行修改编辑、删除、添加等操作。

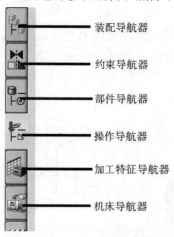

图 8-11 操作导航器

3. 创建刀具组

刀具是进行切削加工的工具，其选择非常重要，应根据零件的加工要求、加工零件的形状及加工范围来选择。本例是铣削平面，而且面较大，所以选择 φ63 的面铣刀。

选择主菜单【插入】→【刀具】，或者单击【插入】工具条上的创建刀具图标，出现如图 8-12 所示的【创建刀具】对话框。在该对话框中作以下设置：

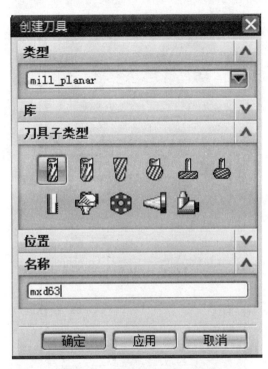

图 8-12　【创建刀具】对话框

(1) 选择【类型】为【mill planar】（平面铣削）；
(2) 选择【位置】为【GENERIC MACHINE】；
(3) 刀具【名称】为【MXD63】；

刀具名称也可以用其他名称，但不能有中文，同时名称应简洁、易记，最好看到名字就知道是什么刀具，知道其主要参数，这样当刀具很多时也不至于混淆。

按以上设置后单击【确定】或者【应用】按钮，出现如图 8-13 所示的【铣刀-5 参数】对话框，按图中所示设置相关参数后，单击【确定】按钮，就创建了一把 φ63 的面铣刀。

单击图 8-13 所示的刀具参数设置对话框上部的【夹持器】标签，还可以设置刀柄的相关参数，对于初学者来说可以先不设置。

刀具创建好后，可以在【操作导航器】中进行查询、修改，具体方法是单击操作导航器图标，系统会从左侧弹出如图 8-14 所示的操作导航器视图，系统默认为程序视图。将鼠标放在空白的地方单击右键，会出现图 8-14 所示的选项，选择其中的机床刀具视图，将其更换为加工刀具视图，如图 8-15 所示，就显示出了刚才创建的名为 MXD63 的刀具。如果要修改刀具参数，可以在该视图中双击选中的刀具，又会出现图 8-13 的刀具参数设置对话框，可以在此进行修改参数。

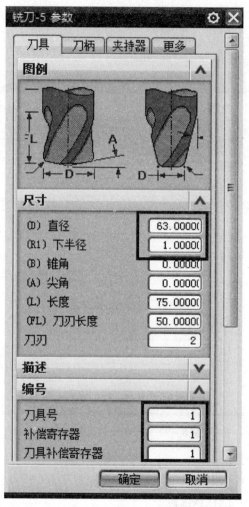

图 8-13　设置刀具参数

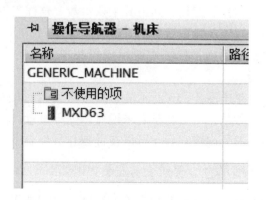

图 8-14　程序顺序视图　　　　　图 8-15　加工刀具视图

4. 创建几何体

创建几何体包括多项内容，有创建坐标系、创建工件、创建边界等。并不是每一步加工都必须把所有的选项创建完，有的可以在创建操作时临时指定。由于本例只有一道工序，所以在此仅创建坐标系。

选择主菜单命令【插入】→【几何体】，或者单击【插入】工具条上的创建几何体图标 ，弹出如图 8 – 16 所示的【创建几何体】对话框，在该对话框中作以下设置：

图 8 – 16　【创建几何体】对话框

（1）选择类型为【mill_ planar】（平面铣削）；

（2）选择【子类型】中的图标 ；

（3）选择【位置】为【GEOMETRY】；

（4）【名称】为【ZBX】；

这里的名称也可以用除中文及一些特殊符号外的其他字符，取名的原则是简单易记。

设置完成后单击【确定】按钮，出现如图 8 – 17 所示的机床坐标系对话框，同时在建模时所用的坐标系处出现了带 M 的加工坐标系，可以根据需要对此坐标系进行拖动，改变其位置，还可以改变其坐标轴的方向。除此之外在机床坐标系对话框中还可以自行对坐标系进行设置，包括其原点、坐标轴方向等。此处不用设置，采用系统默认的位置即可。

为了避免刀具在快速下降时直接切入零件，通常我们在设置坐标系时要设置一个安全平面，此平面距离工件表面有一定距离，加工时刀具先定位到该平面上，再下刀。以后凡是属于该坐标系下的操作均能继承该安全平面。

其设置方法是在图 8 – 17 所示的对话框中选择【安全设置】选项中的【安全设置选项】

选为【平面】,再单击【指定平面】选项,按照图 8-18 所示选择 XOY 平面,并在【距离】文本框中输入 20,表示选择距离 XOY 平面上方 20mm 的一个平面作为安全平面,单击【确定】按钮,完成坐标系的设置。在操作导航器中也可以看到该坐标系,如图 8-19 所示。

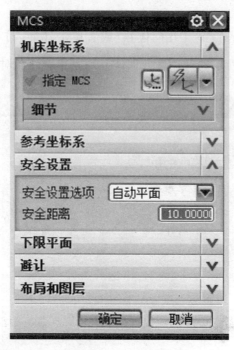

图 8-17 坐标系设置

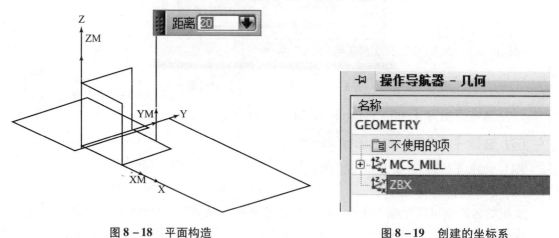

图 8-18 平面构造　　　　　　　　图 8-19 创建的坐标系

5. 创建加工方法

零件的加工需要经过粗加工、半精加工、精加工等工序,创建加工方法就是设置零件的余量、公差、指定加工参数以及刀路显示的方式等。并不是所有的零件都要进行粗加工、半精加工以及精加工,应根据零件的实际工艺要求来设置加工方法,比如本例零件,铣削上表面时就只需要粗加工和精加工两种方法,而有的零件则需要设置多种加工方法。

选择主菜单【插入】→【方法】,或者单击工具条上的创建方法图标 ,弹出图

8-20所示的【创建方法】对话框，在该话框中进行如下设置：

（1）选择【类型】为【mill planar】（平面铣削）；

（2）选择【位置】为【METHOD】；

（3）【名称】为【CJGFF】（粗加工方法）；

单击【确定】或【应用】按钮，打开如图 8-21 所示的【铣削方法】对话框。

图 8-20　【创建方法】对话框

图 8-21　【铣削方法】对话框

该对话框中进行加工参数的设置，主要有以下几项：

【部件余量】：指该工序为后续加工留的余量，不同的零件余量选择不一样，要根据具体的工艺要求来进行设置。此处设置为 0.5mm。

【内公差】：指零件在加工时内部的尺寸精度，此处设置为 0.03。

【外公差】：指零件在加工时的尺寸精度，公差值越小精度越高，一般粗加工时公差值可以给大一些，此处设置为 0.12。

选择图 8-21 所示对话框中的【进给】图标 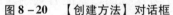，弹出如图 8-22 所示的【进给】对话框，可以设置刀具在各个阶段的移动速度。在这里只需要设置其中的【切削】、【第一次切削】、【进刀】为 150mm/min，其余的全部为 0，为 0 表示将以 G00 的速度走刀。

选择图 8-21 所示对话框中的【颜色】图标，弹出如图 8-23 所示的【刀轨显示颜色】对话框，在这里可以更改刀路的显示颜色。本例中我们不做修改，使用系统默认的设置。

图 8-22 【进给】对话框

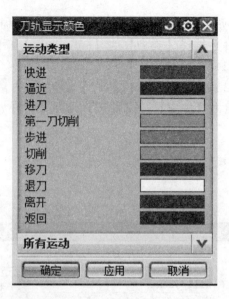

图 8-23 【刀轨显示颜色】对话框

选择图 8-21 所示对话框中的【编辑显示】图标 ，弹出如图 8-24 所示的【显示选项】对话框。可以指定是否显示刀路，以及设置显示的速度等。这里我们也不用修改，使用默认设置。

以上几步设置完毕后，单击图 8-21 中的【确定】按钮，完成粗加工的参数设置。然后再次重复以上步骤，设置精加工的加工参数，其中加工方法的名称为【JJGFF】，余量为 0，公差设置为 0.03，进给速度中的【进刀】、【第一次切削】、【步进】和【剪切】为 100mm/min，其余的全部为 0。

当设置完成粗加工和精加工的加工参数后，这两种加工方法在【操作导航器】中也能看见。具体方法是打开操作导航器，将鼠标放在空白的地方单击鼠标右键，选择其中的【加工方法视图】，如图 8-25 所示，将操作导航器更换为加工方法视图，就能看到刚才创建的名为 CJGFF 和 JJGFF 的加工方法，如图 8-26 所示，如需要修改，双击选中的对象即可。

图 8-24 【显示选项】对话框

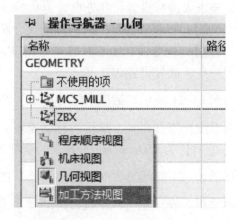

图 8-25 操作导航器

6. 创建操作

将坐标系、刀具以及加工方法创建好后就可以创建操作了。其具体步骤如下：

选择主菜单命令【插入】→【操作】，或者单击【插入】工具条上的创建操作图标，弹出如图 8－27 所示的【创建工序】对话框，按图中所示设置参数：

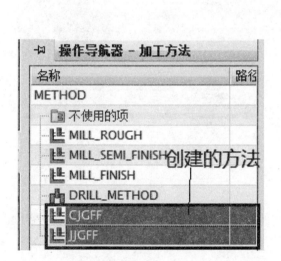

图 8－26　查看加工方法　　　　图 8－27　【创建工序】对话框

（1）选择【类型】为【mill planar】（平面铣削）；
（2）选择【子类型】为【FACE_ MILLING】；
（3）选择【程序】为【NC_ PROGRAM】；
（4）使用【刀具】为【MXD63】；
（5）使用【几何体】为【ZBX】；
（6）使用【方法】为【CJGFF】；
（7）【名称】为【CXPM】；

名称也可以用其他名称，原则是简单易记。设置完成后单击【确定】按钮，弹出如图 8－28 所示的【平面铣】对话框。

在【平面铣】对话框中选择【指定面边界】图标 ，弹出图 8－29 所示的【指定面几何体】对话框,在该对话框中选择过滤器类型为 ,用曲线来定义零件几何体。分别选择前面绘制的 200×100 的矩形的四条边,单击对话框中的【创建下一个边界】按钮,刚才选择的矩形显示如图 8-30 所示,再单击【确定】按钮,返回【平面铣】对话框。

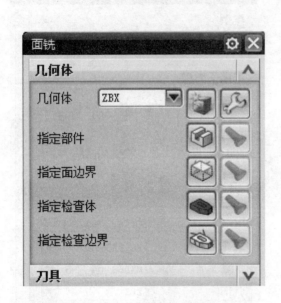

图 8-28 【平面铣】对话框

图 8-29 【指定面几何体】对话框

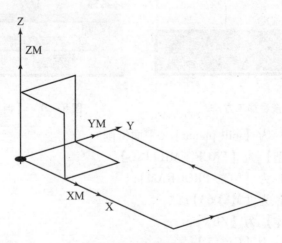

图 8-30 选择面边界

在【平面铣】对话框中按图 8-31 所示,设置刀轴为【+ZM】,选择走刀方式为 往复走刀,设置行距为刀具直径的 75%,毛坯距离为 10mm,每一刀深度为 4mm,最终底面由于在粗加工方法中设置了余量,所以这里设置为 0。

再单击图 8-31 所示的【平面铣】对话框上的【切削参数】图标，弹出图 8-32 所示的【切削参数】对话框，设置【切削方向】为【逆铣】，单击【确定】按钮回到 8-31 所示的【平面铣】对话框。

图 8-31 【平面铣】对话框　　　　　　图 8-32 【切削参数】对话框

单击该对话框【机床控制】选项中【开始刀轨事件】后的编辑图标，弹出图 8-33 所示的【用户定义事件】对话框，在其上选择【Coolant On】，并单击下方的【添加】按钮，弹出【冷却液开】对话框后直接单击两次【确定】按钮，回到图 8-34 所示的【平面铣】对话框。

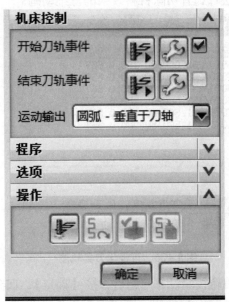

图 8-33 【用户定义事件】对话框　　　图 8-34 【平面铣】对话框

在【平面铣】对话框中选择最下边的生成刀具轨迹的图标 ,生成刀具路径如图 8-35 所示。由于我们设置的毛坯余量为 10mm,每次切削深度为 4mm,所以本次铣削分三层进行,在刀具轨迹上可以看见。

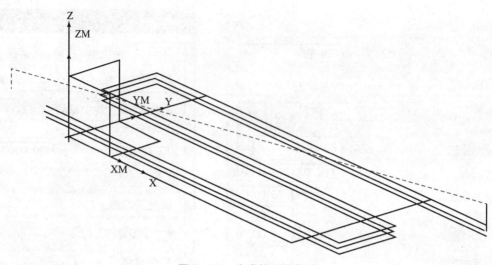

图 8-35 生成的刀具轨迹

生成刀具轨迹后还可以对其进行验证。在【平面铣】对话框中选择最下边的确认刀具轨迹的图标 ,弹出图 8-36 所示的【可视化刀具轨迹】对话框,选择【2D 动态】按钮,调整该对话框下面的仿真速度至合适的速度,如图 8-37 所示,再单击播放按钮 ,可以观察刀具的移动路径,对刀轨进行校验,如图 8-38 所示。由于没有定义三维毛坯,因此无法看到有切除材料效果的三维动画。

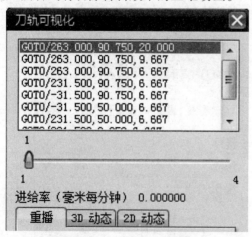

图 8-36 可视化刀具轨迹

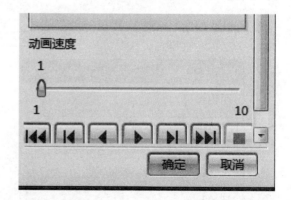

图 8-37 调整仿真速度

刀轨校验没有问题后,按【确定】,回到面铣削操作对话框,此时一定要单击该对话框中的【确定】按钮,完成本次操作的设置。至此,粗加工操作设置完成,我们可以在操作导航器中看到它,如图 8-39 所示,如需要修改,在此双击即可进行修改编辑。

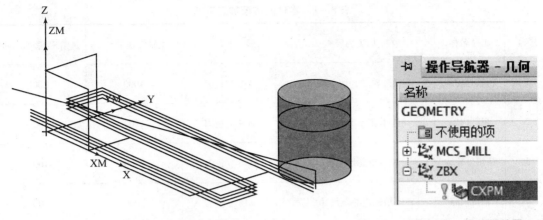

图 8-38 校验刀具轨迹　　　　　　图 8-39 操作导航器

可按同样的步骤设置精加工操作，不同的是加工方法要选择前面设置好的【JJGFF】，在【毛坯距离】选项中输入 0.5mm，其余操作设置与粗加工一致，此处不再赘述。

8.5 利用二维线框加工外形轮廓及内腔实例

在铣削加工中外形轮廓与内腔很常见，本节将通过一个具体的实例介绍如何创建这一类的加工操作。

首先请仔细观察图 8-40 所示的零件，要在一块长方体毛坯上铣削一个凸台，同时在凸台内部要加工一个内腔。根据零件特点，该零件可按表 8-1 所示的工序进行加工。其操作过程可以按照如下步骤来进行。

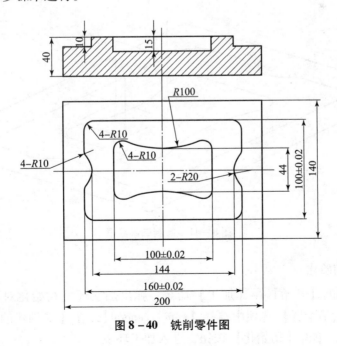

图 8-40 铣削零件图

表 8-1 零件的数控加工工艺

序号	工序名称	加工内容	刀具	主轴转速 r/min	进给速度 mm/min
1	粗铣外轮廓	粗铣外轮廓，留余量0.8	φ18 立铣刀	1000	200
2	粗铣内腔	粗铣内腔，留余量0.8	φ14 立铣刀	1300	200
3	精铣外轮廓	精铣外轮廓至尺寸	φ16 立铣刀	2000	100
4	精铣内腔	精铣内腔至尺寸	φ16 立铣刀	2000	100

1. 加工前的准备工作

该零件采用粗铣外轮廓、粗铣内腔、精铣外轮廓、精铣内腔的工艺过程进行加工。图中最小半径为 R10，因此采用的刀具直径不能大于 20mm，铣削轮廓带有圆弧，最好采用圆弧方式进刀和退刀。

首先在建模方式下绘制如图 8-41 所示的二维图形，以（0，0，0）点为中心，从外到内依次是零件图上的三条轮廓线。另外为了能看到动画仿真，这里先创建一个 200×140×40 的长方体，其定位顶点坐标为（-100，-70，-40），让顶面与 XY 平面重合，如图 8-42 所示。

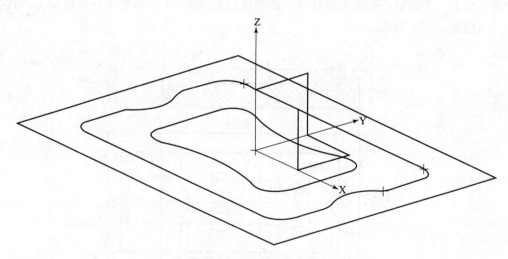

图 8-41 绘制二维线框

2. 加工环境初始化

单击主菜单中的【开始】→【加工】命令，弹出加工环境初始化对话框，如图 8-10 所示。在【CAM 会话配置】选项中选择【cam_ general】，在【要创建的 CAM 设置】中选择【mill_ planar】，单击【初始化】按钮，进入加工环境。

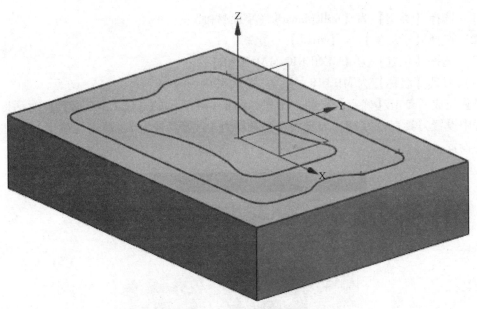

图 8-42 创建长方体毛坯

3. 创建刀具组

选择主菜单命令【插入】→【刀具】,或者单击【插入】工具条上的创建刀具图标,出现如图 8-43 所示的【创建刀具】对话框。在该对话框中进行以下设置:

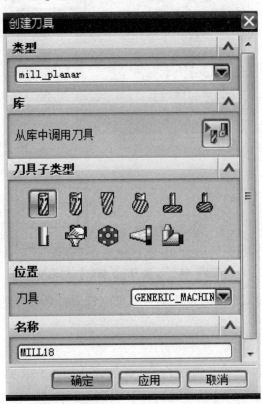

图 8-43 【创建刀具】对话框

(1) 选择【类型】为【mill planar】（平面铣削）；
(2) 选择【子类型】为【MILL】（立铣刀）；
(3) 选择【位置】为【GENERIC MACHINE】；
(4) 刀具【名称】为 MILL18；

设置完成后单击【确定】按钮，出现如图 8－44 所示的【铣刀－5 参数】对话框，在该对话框中设置刀具直径为 18，刀具调整记录器为 1，刀具号为 1，单击【确定】按钮，完成刀具的设置。

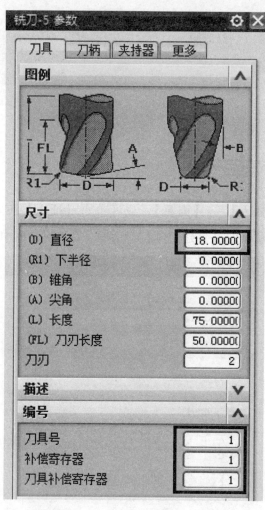

图 8－44 【铣刀－5 参数】对话框

用同样的方法创建加工所需的 $\phi14$ 和 $\phi16$ 的立铣刀，名称分别为 MILL14，MILL16，刀具号分别为 2 号、3 号。

4. 创建几何体

选择主菜单【插入】→【几何体】，或者单击【插入】工具条上的创建几何体图标，出现如图 8－16 所示的【创建几何体】对话框，按上一小节同样的步骤确定当前绝对坐标系为机床坐标系，命名为"ZBX"，并且用同样的方法定义安全平面在 XOY 面上方

10mm 处。单击【确定】按钮完成设置。

为了能观看加工动画，还需要再次选择主菜单【插入】→【几何体】，或者单击【插入】工具条上的创建几何体图标 ![], 弹出【创建几何体】对话框，按图 8-45 进行如下设置：

(1) 选择【类型】为【mill planar】（平面铣削）；

(2) 选择【子类型】为第二个图标 ![]；

(3) 选择【位置】选项中的"几何体"为刚才创建好的坐标系【ZBX】；

(4)【名称】为【GONGJIAN】；

设置完成后单击【确定】按钮，弹出如图 8-46 所示的【工件】对话框，在该对话框中的【指定毛坯】选项中选择图标 ![], 弹出如图 8-47 所示的【毛坯几何体】对话框，然后选择刚才创建的长方体，单击【确定】，回到图 8-46 的工件设置对话框，再单击【确定】，完成毛坯设置。

图 8-45 【创建几何体】对话框

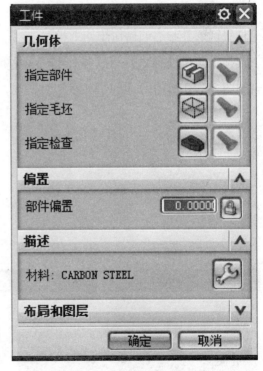

图 8-46 【工件】对话框

为了避免作为毛坯的长方体影响后面的操作步骤，可以将该长方体隐藏。

5. 创建加工方法

按前一小节所述方法创建粗加工方法和精加工方法，粗加工为精加工留 0.8mm 的余量，刀具的进给速度设置为 200mm/min，精加工刀具进给速度为 100mm/min，如图 8-48 和图 8-49 所示。

图 8-47 【毛坯几何体】对话框

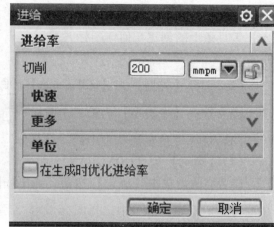

图 8-48 粗加工进给速度设置

6. 创建操作铣削外轮廓

创建铣削外轮廓的操作按如下步骤进行：

选择主菜单【插入】→【操作】，或者单击【插入】工具条上的创建操作图标，出现如图 8-50 所示的【创建工序】对话框，按图中所示设置参数：

图 8-49 精加工进给速度设置

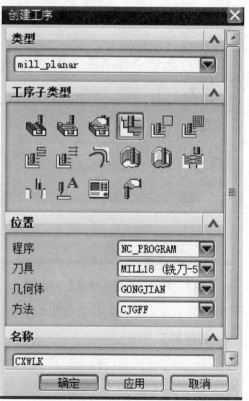

图 8-50 【创建工序】对话框

(1) 选择类型为【mill planar】（平面铣削）；
(2) 选择【子类型】为第一行第四个图标 【PLANAR_ MILL】；
(3) 选择【程序】为【NC_ PROGRAM】；
(4) 使用【刀具】为【MILL18】；
(5) 使用【几何体】为【GONGJIAN】；
(6) 使用【方法】为【CJGFF】；
(7)【名称】为【CXWLK】；
设置完成后单击【确定】按钮，弹出如图 8 – 51 所示的【平面铣】对话框。

图 8 – 51 　【平面铣】对话框

　　在该对话框中的【几何体】单击【指定部件边界】图标 来定义零件切削边界，弹出图 8 – 52 所示的【边界几何体】对话框，在【模式】复选框中选择【曲线/边】模式，弹出图 8 – 53 所示的【创建边界】对话框，按图中所示选择各项设置，特别要注意在【材料侧】选项中，由于加工凸台时剩余的不加工的材料是在凸台边界的里面，所以材料侧要选择【内部】，再用鼠标选择前面绘制的图 8 – 41 中凸台的轮廓线，注意要将轮廓线上的所有曲线段包括倒角在内都选完，而且选择时应沿同一方向依次选择。然后单击【创建下一个边界】按钮，所选的边界显示如图 8 – 54 所示，单击【确定】，回到【边界几何体】对话框，再单击【确定】，回到图 8 – 51 的【平面铣】对话框，完成零件铣削边界的设置。

　　在图 8 – 51 所示的【平面铣】对话框中单击【指定毛坯边界】图标 ，弹出对话框以定义毛坯边界，与上一步执行同样操作，所不同的是要选择图 8 – 41 中的最外边的矩形作为毛坯边界，毛坯边界的"材料测"选项都必须选择"内部"，定义完成后结果如图 8 – 55 所示。

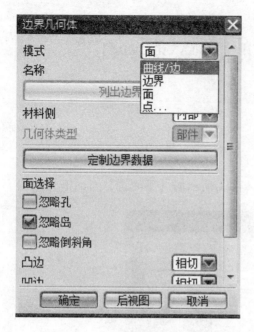

图 8-52 【边界几何体】对话框

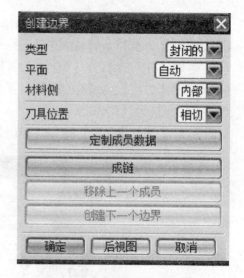

图 8-53 【创建边界】对话框

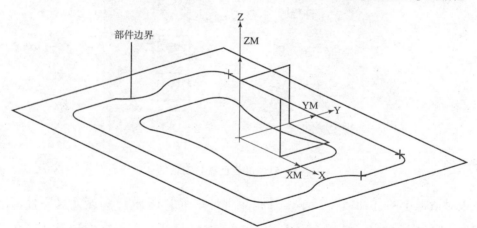

图 8-54 生成的部件边界

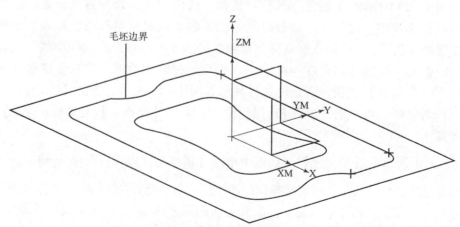

图 8-55 生成毛坯边界

在图 8-51 所示的【平面铣】对话框中的【几何体】选项下单击【底面】图标 ，用来定义铣削底面，弹出图 8-56 所示的【平面】对话框，选择其中的【XC—YC】平面，在【偏置和参考】栏中输入距离 -9.2，表示本次铣削底面为 XY 平面下 9.2mm 的地方，为精加工留 0.8mm 余量。单击【确定】，完成设置，结果如图 8-57 所示。

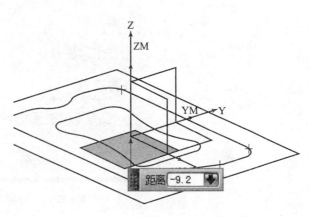

图 8-56 【平面】对话框　　　　　　　　图 8-57 定义的铣削底面

在图 8-51 所示的【平面铣】对话框中设置切削模式为跟随部件 ，步距为刀具直径的 50%，结果如图 8-58 所示。

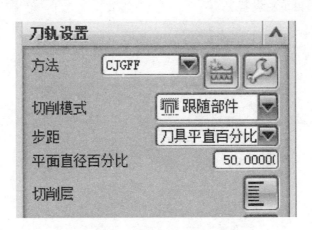

图 8-58 设置切削方式和步进

在图 8-51 所示的【平面铣】对话框中单击【切削层】按钮 ，弹出图 8-59 所示的【切削层】对话框，在【类型】选项中选择【恒定】，指定每次切削的最大深度为 4mm。

设置切削参数中【切削方向】为【逆铣】。

图 8-59 【切削层】对话框

在图 8-51 所示的【平面铣】对话框中选择【进给和速度】按钮，弹出图 8-60 所示的【进给率和速度】对话框，勾选【主轴速度】选项，在文本框中输入 1000，即设置主轴转速为 1000r/min，单击【确定】，完成设置。刀具的进给速度在创建加工方法时已经设置完成，此处不用再重新设置。

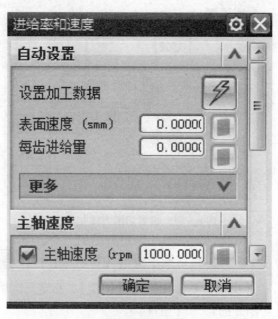

图 8-60 【进给率和速度】对话框

在图 8-51 所示的【平面铣】对话框中选择【机床控制】按钮，弹出图 8-61 所示【用户定义事件】对话框，按前例介绍的步骤设置机床启动时打开切削液。

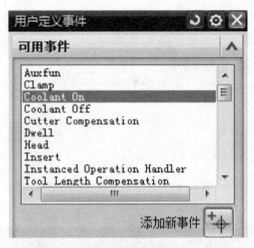

图 8-61 【用户定义事件】对话框

在图 8-51 所示的【平面铣】对话框中选择最下边的【生成】图标 ，生成刀具的运动轨迹如图 8-62 所示，可以看到刀具轨迹分为 3 层。

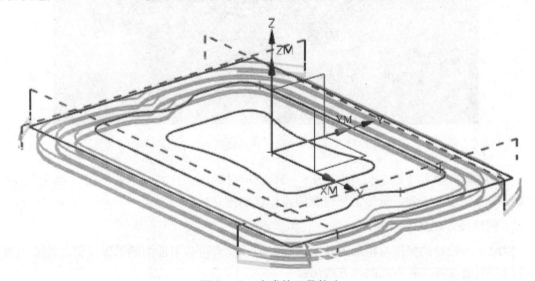

图 8-62 生成的刀具轨迹

在图 8-51 所示的【平面铣】对话框中选择最下边的【确认】图标 来对刀具轨迹进行验证，弹出如图 8-63 所示的【刀轨可视化】对话框，可以按照前一小节的方法对刀具轨迹进行回放验证。由于我们此处定义了零件毛坯，所以还可以用加工的仿真动化进行模拟，具体方法是按图 8-63 所示，将浮动按钮选择至【2D 动态】栏，再将该对话框下部的仿真速度调至合适的位置，再单击播放按钮就可以观看加工动画了。图 8-64 所示为仿真结果。

图 8-63 【刀轨可视化】对话框

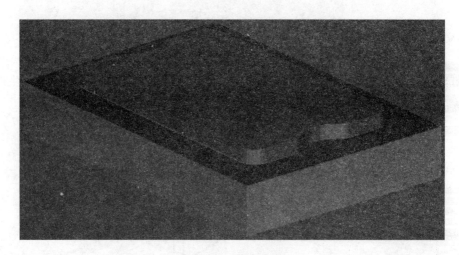

图 8-64 仿真结果

验证完毕后单击【确定】，回到图 8-51 所示对话框，此时一定要单击【确定】，完成本次操作的创建。至此，粗加工外轮廓的操作就创建完成。

7. 创建操作粗加工内腔

粗加工内腔时的操作与粗加工外形轮廓类似，读者可参考前面的操作步骤，此处不再详细介绍。下面仅将二者不同的地方列出：

选择【刀具】为【MILL14】；

将操作的【名称】设置为【CXNQ】；

指定主轴转速为 1300r/min；

选择零件铣削边界时要选择内腔轮廓，同时按图 8-65 所示在【编辑边界】对话框中将【材料侧】复选框更改为【外部】，表示铣削内腔时剩余的材料是在所选轮廓的外部，这一点很重要，否则会出错。选择边界后的结果如图 8-66 所示。

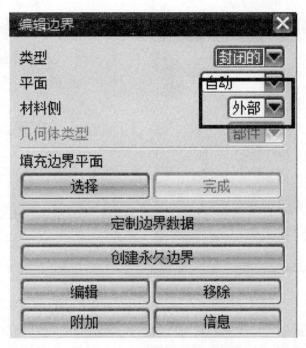

图 8-65 【编辑边界】对话框

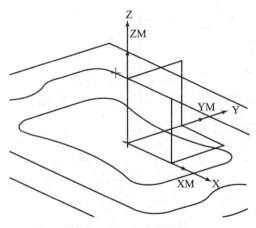

图 8-66 生成的边界

不用定义毛坯边界，因为此时是加工内腔。

根据零件图，内腔深度为 15mm，在定义铣削底面时应将底面定义在 XY 面下方 14.2mm 的地方，因此在设置时应该在【偏置】选项的文本框中输入 -14.2，如图 8-67 所示。

在生成刀轨之前要增加一项设置，由于现在是加工内腔，加工部位没有预钻孔，而加工过程中立铣刀不能直接往 Z 轴负向下刀，为了保护刀具，这里应设置刀具采用螺旋方式下刀，具体方法是在图 8-51 所示的【平面铣】对话框中选择【非切削移动】按钮 ⬚，弹出图 8-68 所示的【非切削移动】对话框，将封闭区域的【进刀类型】更改为【螺旋】，其余参数按图中设置。

然后可以按前一步的方法设置主轴转速为 1300r/min，切削层深度为每次 4mm。

图 8-67 【平面】对话框　　　　图 8-68 【非切削移动】对话框

以上步骤都完成后就可以生成刀具轨迹如图 8-69 所示，然后进行动画仿真验证刀轨，确认没有问题后单击确定，完成该操作的创建。

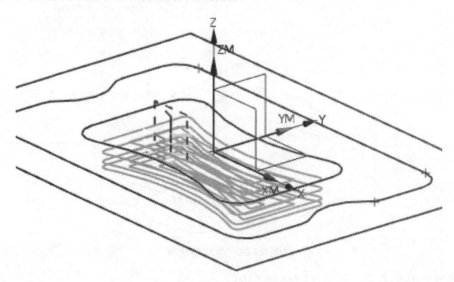

图 8-69　生成的刀具轨迹

8. 创建操作精加工外形轮廓

精加工外形轮廓与粗加工的创建大部分操作是一样的，此处仅介绍不同的部分。
刀具选择【MILL16】；
加工方法选择【JJGFF】，名称取为【JXWLK】；
定义铣削底面为 XY 面下 10mm 的地方；
不用定义切削深度，即一刀完成；
指定主轴转速为 2000r/min；

以上设置完成后执行生成刀具轨迹命令,所得到的精加工外形轮廓的刀具轨迹如图 8 - 70 所示。该轨迹与粗加工轨迹相比主要区别是它只有一层。

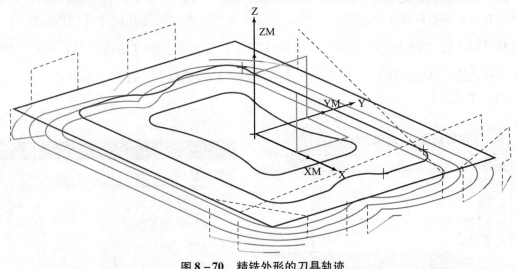

图 8 - 70 精铣外形的刀具轨迹

9. 创建操作精加工内腔

精加工内腔与粗加工的创建大部分操作是一样的,此处仅介绍不同的部分。

加工方法选择【JJGFF】;名称取为 JXNQ;

刀具选择【MILL14】;

定义铣削底面为 XY 面下 15mm 的地方;

不用定义切削深度,即一刀完成;

指定主轴转速为 2000r/min;

以上设置完成后执行生成刀具轨迹命令,所得到的精加工内腔的刀具轨迹如图 8 - 71 所示。该轨迹与粗加工轨迹相比主要区别是它只有一层。

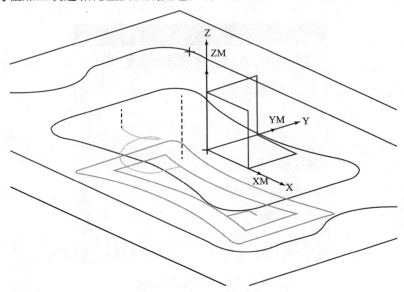

图 8 - 71 精铣内腔的刀具轨迹

10. 观看全部操作的动画

粗、精加工创建完成后可以观看全部的动画仿真，以进一步验证各步操作中的设置是否正确。其方法是打开操作导航器，选择以上四步加工操作共同的几何体【GONGJIAN】，或者选择【ZBX】，如图 8 - 72 所示，再单击【操作】工具条上的【生成刀轨】图标 来生成刀具轨迹，弹出如图 8 - 73 所示的【生成刀轨】对话框，去掉四个选项前的勾，单击【确定】，生成刀轨。

图 8 - 72　操作导航器

图 8 - 73　【刀轨生成】对话框

然后再单击【操作】工具条上的【确认刀轨】图标 来校核刀具轨迹，弹出如图 8 - 74 所示的【刀轨可视化】对话框，选择浮动按钮为【2D 动态】，调整其下方的仿真速度至合理的位置，单击播放按钮可以观看动画仿真。最终结果如图 8 - 75 所示。

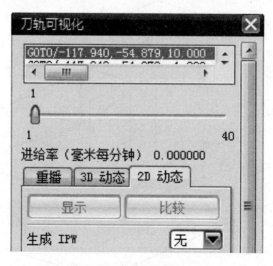
图 8 - 74　可视化刀轨轨迹

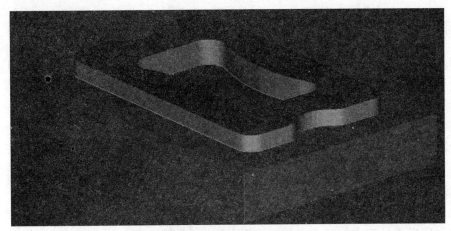

图 8-75 动画仿真结果

11. 后处理生成加工程序

刀具轨迹确认后，可以生成数控加工程序。其方法是首先按图 8-72 的方法在操作导航器中选中四步操作共同的几何体【GONGJIAN】或其父本【ZBX】，再单击【操作】工具条上的后处理图标 进行后处理，弹出图 8-76 所示的【后处理】对话框，在该对话框中选择机床为【MILL_3_AXIS】（三轴联动机床），并选择程序文件的存储路径，单击【确定】，生成加工程序的文本框如图 8-77 所示。

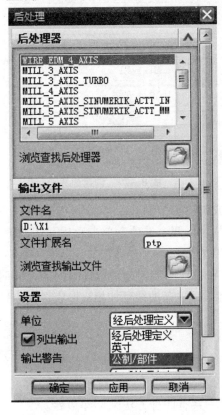

图 8-76 【后处理】对话框

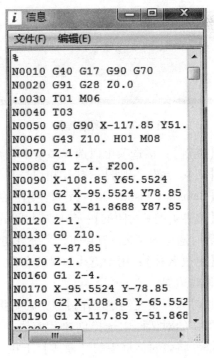

图 8-77 加工程序

任务实施

前面我们通过两个实例学习了利用二维曲线加工零件的方法。这种方法适用于形状比较简单的零件。对于形状复杂的零件则需要采用实体来创建加工。本单元的任务则需要采用三维模型来完成。

从上一小节中我们知道，在创建平面铣削加工时是以边界来定义铣削区域的。边界在 UG 的加工操作中应用范围较广，它一般是指有曲线或者边线形成的轮廓，该轮廓可以是封闭的，也可以是开放的，上一小节中我们用的就是封闭边界。在介绍实例之前先介绍边界。

永久边界

永久边界创建后会一直显示在绘图区内，可以供本零件所有加工操作使用。而临时边界是在具体创建操作过程中临时指定的，仅用于该操作过程。

创建永久边界可以通过主菜单上的【工具】→【边界】命令来创建，选择命令后弹出图 8-78 所示的【边界管理器】对话框，通过该对话框可以对边界进行创建、删除、隐藏等操作。选择【创建】按钮，将弹出图 8-79 所示的【创建边界 B1】对话框，该对话框中几个选项的含义如下：

图 8-78　边界管理器

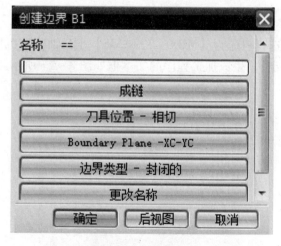

图 8-79　创建边界

【成链】：该选项可以选择多条串联在一起的曲线作为边界；

【刀具位置-相切】：有【相切与】和【在边界上】两个选项，单击后相互切换；

【Boundary Plane - XC - YC】：创建的边界所在的平面；

【边界类型-封闭的】：包括【封闭的】和【开放的】两类，如果选择封闭的，同时在选择边界时选择的线又没有封闭，系统自动将第一条和最后一条曲线延伸相交形成封闭边界；

【更改名称】：用于更改边界的名称。

临时边界

临时边界是在创建操作过程中临时指定的，比如前一例中我们创建的铣削边界。在各种创建操作的对话框中选择创建几何体，单击按钮后弹出如图 8-80 所示的【边界几何体】对话框，将该对话框中的【模式】下拉菜单点开，一共有四种方法来创建边界。

【曲线/边】：选择该模式后，弹出图 8-81 所示的【创建边界】对话框，该对话框中的几个选项要根据实际情况进行设置,其中【材料侧】选项有【内部】和【外部】两个选择。如果加工时刀具在所选的边界内部进行切削,即不切削的是边界外边的材料,此时应选择【外部】,反过来切削是刀具在所选边界的外面时应选择【内部】,这一点要好好理解。

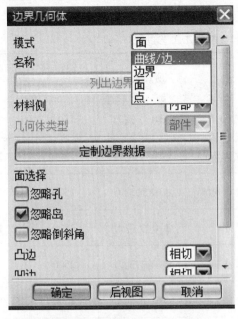

图 8-80 【边界几何体】对话框

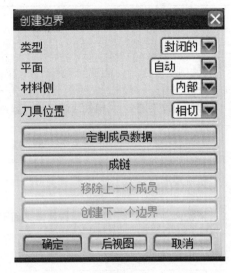

图 8-81 【创建边界】对话框

【边界】:该选项用来选择已经创建好的永久边界,选择后只需要输入边界名称即可。

【面】:该选项是通过选择实体面来确定加工边界。

【点】:用点来创建边界,选择该选项后可以在绘图区选择点来创建边界。

下面,我们来完成本学习单元的任务。首先,根据图 8-82 所示零件图绘制零件的三维模型。绘制完成后结果如图 8-82 所示。

为了在操作创建完成后能直观地观看加工动画,此处还应该创建一个长方体作为毛坯。根据零件图的技术要求,其外形尺寸精度要求不高,因此可以在普通机床上加工出 146×100×20 的长方体作为毛坯,在数控机床上加工时四个侧面以及上、下表面都可以不用加工。因此此处创建的毛坯尺寸为 146×100×20,且要与零件重合。创建完成后为了观察方便,可以选择主菜单【编辑】→【对象显示】,再选择刚创建的毛坯,将其设置为半透明的,结果如图 8-83 所示。

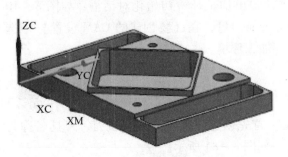

图 8-82 零件三维模型

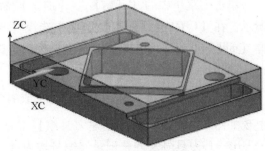

图 8-83 毛坯半透明显示

下面介绍如何对该零件进行加工操作。

第一步：设计零件的加工工艺。

首先要制定零件的数控加工工艺。根据该零件的特点及技术要求，除孔以外其他部位的加工工艺可按表8-2所示方案进行，孔加工方法将在后续章节中做介绍。

表8-2 平板零件的数控加工工艺过程

序号	工序名称	工步内容	所用刀具	主轴转速/ $(r \cdot min^{-1})$	进给速度/ $(mm \cdot min^{-1})$
1	粗铣削菱形凸台	粗铣削菱形凸台，留余量0.8mm	ϕ10 立铣刀	1500	200
2	粗铣两端平面	粗铣两端平面，留余量0.8mm	ϕ10 立铣刀	1500	200
3	粗铣内腔	粗铣三个内腔，留余量0.8mm	ϕ10 立铣刀	1500	200
4	精铣菱形凸台	精铣菱形凸台至尺寸	ϕ10 立铣刀	2500	100
5	精铣两端平面	精铣两端平面至尺寸	ϕ10 立铣刀	2500	100
6	精铣内腔	精铣内腔至尺寸	ϕ10 立铣刀	2500	100
7	钻中心孔	钻四个定位孔	B3 中心钻	400	80
8	钻孔1	钻ϕ6的孔至ϕ5.8	ϕ5.8 钻头	1200	80
9	钻孔2	钻ϕ10的孔至ϕ9.8	ϕ9.8 钻头	800	80
10	沉孔	孔口沉孔	ϕ14 沉孔钻	600	80
11	铰孔1	铰ϕ6的孔	ϕ6 的铰刀	500	80
12	铰孔2	铰ϕ10的孔	ϕ10 的铰刀	300	80

第二步：加工前的准备。

单击主菜单中的【开始】→【加工】命令，弹出加工环境初始化对话框，如图8-10所示。在【CAM会话配置】选项中选择【cam_general】，在【要创建的CAM设置】中选择【mill_planar】，单击【初始化】按钮，进入加工环境。

第三步：创建刀具组。

选择主菜单【插入】→【刀具】，或者单击【插入】工具条上的创建刀具图标，出现如图8-11所示的【创建刀具组】对话框。首先创建一把ϕ10的立铣刀，刀具名称为LXD10，其刀具号及调整记录器编号均为【1】，如图8-84所示。

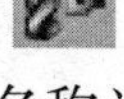

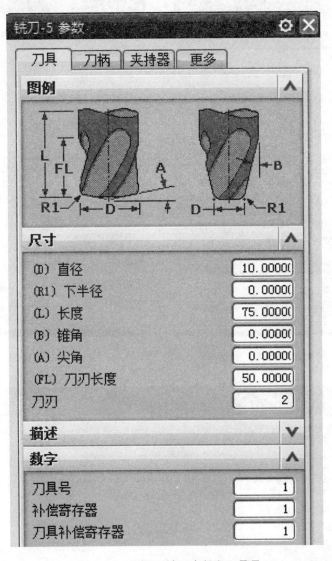

图 8-84 设置立铣刀直径和刀具号

第四步：创建几何体。

选择主菜单【插入】→【几何体】，或者单击【插入】工具条上的创建几何体图标，弹出如图 8-85 所示的【创建几何体】对话框，按图中所示选择类型、子类型、位置以及名称，单击确定，弹出图 8-86 所示【MCS】对话框，选择机床坐标系下单击【指定 MCS】图标，指定加工坐标系的原点，弹出图 8-87 所示的【CSYS】对话框，由于零件高度为 20mm，如果要设置加工坐标系原点在零件上表面中心处，在该对话框中输入点坐标为（73，50，20），如图 8-88 所示，单击【确定】按钮，回到图 8-86，再按前面的方法指定安全平面为 XY 面上方 30mm 处，单击【确定】，完成坐标系设置。

图 8-85 【创建几何体】对话框

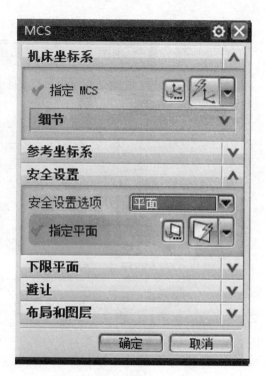

图 8-86 【MCS】对话框

图 8-87 【CSYS】对话框

与第一步同样的操作，打开【创建几何体】对话框，如图 8-89 进行如下设置：

(1) 选择【类型】为【mill planar】（平面铣削）；

(2) 选择【子类型】为第二个图标【工件】 ；

(3) 选择【位置】为刚才创建好的坐标系【ZBX】；

(4)【名称】为 GONGJIAN；

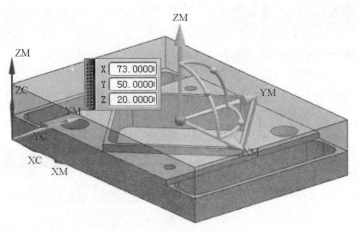

图8-88 选择原点

设置完成后单击【确定】按钮,弹出如图8-90所示的【工件】对话框,在该对话框的几何体选项中选择【指定毛坯】图标 ⬡,弹出如图8-91所示的【毛坯几何体】对话框,选择刚才创建的长方体作为毛坯,注意不要错选为零件,单击【确定】按钮,回到【工件】对话框,单击【指定部件】图标 ⬢,在弹出对话框后用鼠标选择零件。单击【确定】,完成毛坯的设置。为了避免毛坯影响后面的选择,因此完成选择后将毛坯隐藏。

图8-89 【创建几何体】对话框

图8-90 【工件】对话框

第五步:创建加工方法。

由该零件的加工工艺方案可知,在加工该零件时需要用到两种铣削加工方法,可按前一小节所述的步骤分别创建以下三种铣削方法:

方法一：名称为 CJGFF，余量为 0.8，进给速度为 200，用粗加工；
方法二：名称为 JJGFF（粗加工），余量为 0.8，进给速度为 100，用于精加工；
第六步：创建操作粗铣削菱形凸台。
粗铣削菱形凸台的操作可按以下步骤进行：
选择主菜单【插入】→【操作】，或者单击【插入】工具条上的【创建操作】图标，出现如图 8-92 所示的【创建工序】对话框，按图中所示设置参数：

图 8-91 【毛坯几何体】对话框

图 8-92 【创建工序】对话框

（1）选择【类型】为【mill planar】（平面铣削）；
（2）【子类型】为第一行第四个图标 【PLANAR_MILL】；
（3）【程序】为【NC_PROGRAM】；
（4）使用【刀具】为【LXD10】；
（5）使用【几何体】为【GONGJIAN】；
（6）使用方法为【CJGFF】；
（7）名称为【CXLXTT】。

设置完成后单击【确定】按钮，弹出如图 8-93 所示的【平面铣】对话框。在该对话框中的【几何体】选项单击【指定部件边界】图标 ，弹出图 8-94 所示的【边界几何体】对话框，在【模式】复选框中选择【面】模式，用实体表面创建边界，同时勾选【忽略孔】和【忽略岛】两个选项，再选择图 8-95 所示的零件表面，创建图 8-95 所示铣削边界。单击【确定】，完成设置。

图 8-93 【平面铣】对话框

图 8-94 【边界几何体】对话框

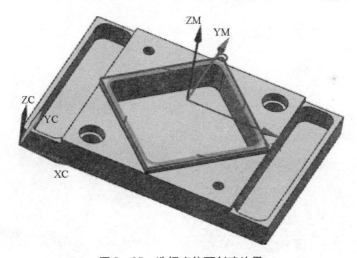

图 8-95 选择实体面创建边界

在图 8-93 所示的对话框的【几何体】选项中单击【指定毛坯边界】图标，将刚才隐藏的毛坯显示在界面上，如图 8-96 所示，选择毛坯上表面以定义毛坯边界。

在图 8-93 所示的对话框的【几何体】选项中单击【指定底面】图标，弹出图 8-97 所示的【平面】对话框，将其中的【过滤器】选项更改为【面】，选择图 8-98 所示的平面作为铣削底面。单击【确定】，完成设置。

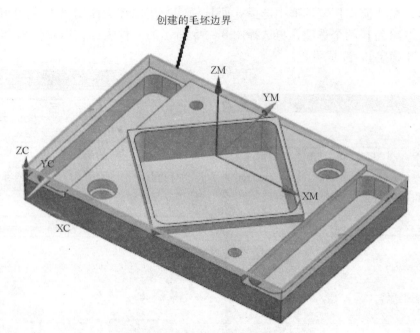

图 8-96 选择毛坯表面创建边界

图 8-97 【平面】对话框

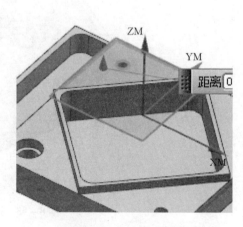

图 8-98 定义铣削底面

在图 8-93 所示的对话框中设置切削方式为 (跟随工件)，步进方式为刀具直径的 50%，结果如图 8-99 所示。单击【切削参数】图标 ，弹出图 8-100 所示的对话框，设置切削方向为逆铣，指定【最终底面余量】为 0.8mm，单击【确定】，回到图 8-93 所示的对话框。

由于本工序加工深度只有 4mm，可不用分层，因此可以不设置每一刀的切削深度，系统默认一次切削完成。

图 8-99　设置切削模式和步进　　　　图 8-100　【切削参数】对话框

按前一小节实例中所介绍的方法设置机床主轴转速为 1500r/min，并设置机床在启动时打开切削液。

在图 8-93 所示对话框中选择最下边的【生成】图标 ，生成刀具的轨迹，如图 8-101 所示。然后再选择确认图标 ，按前面介绍的方法进行操作验证后回到图 8-93 所示对话框，单击【确定】，完成本工序的操作。

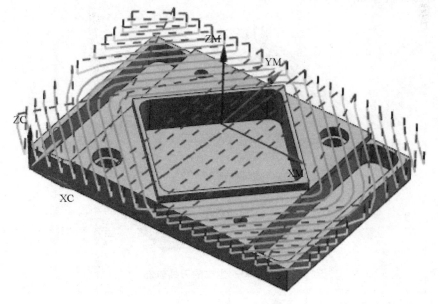

图 8-101　生成的刀具轨迹

第七步：创建操作粗铣两端平面。

本工序操作跟上一步大体一致，不同部分如下：

将操作的【名称】设置为【CXLDPM】；
如图 8-102 所示选择零件边界和毛坯边界。

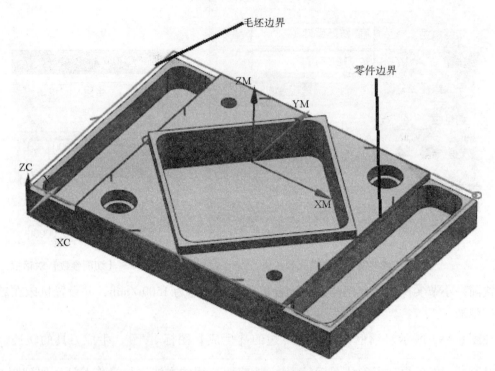

图 8-102 毛坯边界和零件边界

生成的刀具轨迹如图 8-103 所示。

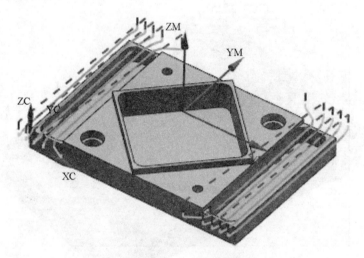

图 8-103 生成的刀具轨迹

第八步：创建操作粗铣内腔。
粗铣内腔按以下步骤进行：
选择创建操作命令，在【创建操作】对话框同上一步一样进行设置，只是将使用方法选为【CJG】，操作名称为【CXNQ】；

选择零件铣削边界时在打开的【边界几何体】对话框中按图 8-104 所示将【材料侧】复选框更改为【外部】，再按图 8-105 所示定义边界，然后单击【创建下一个边界】按钮，继续选择两端的腔体边界，单击【确定】完成选择，生成图 8-105 所示的三个边界。

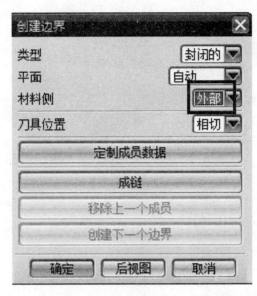

图 8-104　【创建边界】对话框

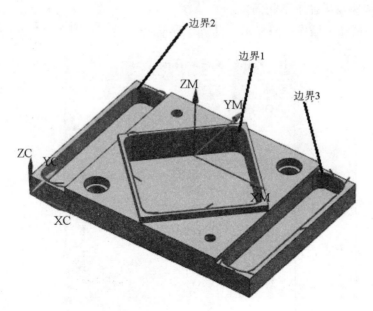

图 8-105　生成边界

按前面所讲的方法设置下刀方式为螺旋下刀，设置切削层深度为每次 4mm，再定义加工底面，侧面和底面余量均为 0.8mm。生成的刀具轨迹如图 8-106 所示。

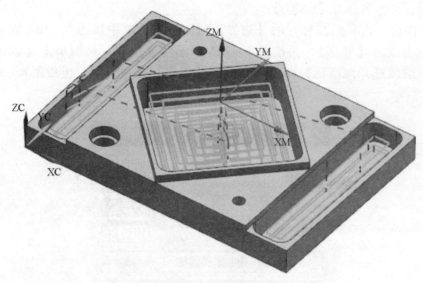

图 8-106 生成刀具轨迹

第九步：创建各部位的精加工操作。

创建零件各部位精加工的操作与相应的粗加工大体一致，此处不再赘述，读者可参考前面的粗加工创建过程来进行。只是注意以下问题：

(1) 精加工要选择加工方法为【JJGFF】；
(2) 精加工底面不留余量；
(3) 精加工一般都是一刀切完，不用分层；
(4) 机床转速与粗加工不相同。

创建好的各精加工操作可以显示在【操作导航器】中，如图 8-107 所示。

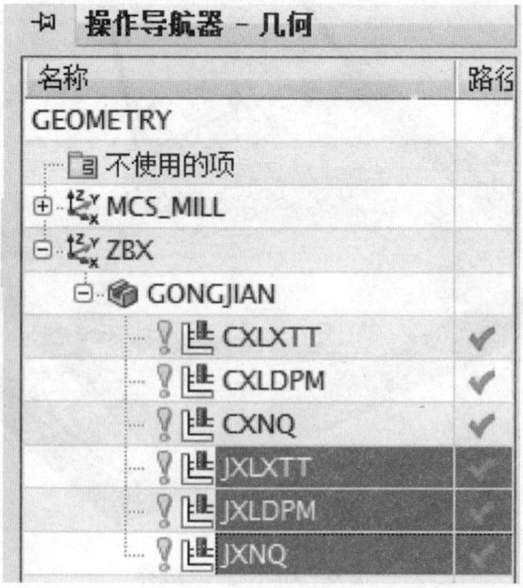

图 8-107 操作导航器

再创建各个孔的加工后，该零件的加工操作全部创建完成，可以按前一小节的方法生成全部工序的刀具轨迹，并进行动画仿真，最终结果如图 8-108 所示。最后生成加工程序。

图 8-108　动画仿真

本学习单元主要学习平面零件的铣削加工。重点掌握创建加工操作的一般步骤，如何快速、合理的生成刀具轨迹，如何对轨迹进行验证，最后生成符合指定格式的数控加工程序。本学习单元的内容对于机械制造类专业同学来说非常重要，是从事机械零件数控加工必备的技能之一，同时也是学习软件的难点之一。要求同学们要将数控加工的工艺知识与学习软件紧密结合。在学习过中要注意总结，学会举一反三。

从某种意义上来说，学会自动编程是学习 CAD/CAM 软件的最主要的目标，特别是对于数控、机制、计辅等机械制造类专业来说更是如此。除了学好本学习单元的实例之外，同学们在课后应主动收集资料，特别是企业实际生产用的零件，要将之与课堂知识紧密结合起来，进行大量的练习，不断地去尝试，熟悉操作过程及各个功能，对生成的刀具轨迹要进行优化，不但考虑刀轨的安全性，还要考虑刀轨的合理性，提高加工的效率。

❋ 思考与练习

完成下列零件的铣削加工程序编制（见图 8-109~图 8-110）。

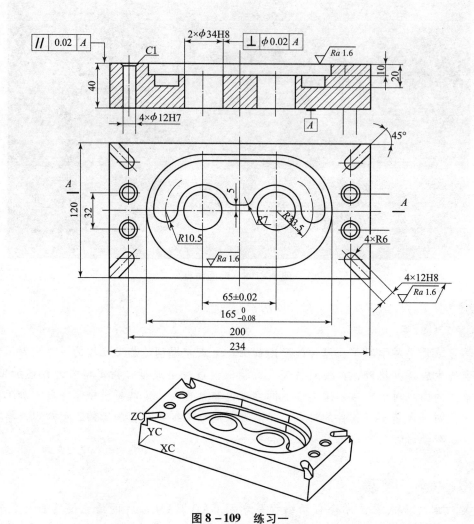

图 8-109 练习一

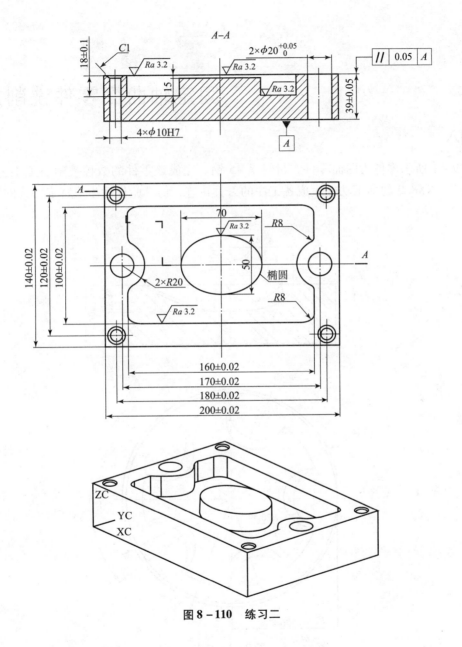

图 8-110 练习二

学习单元九
固定轴曲面零件铣削加工

任务引入

图9-1所示零件为曲面零件，材料是45钢。完成该零件的数控铣削加工工艺的编制，并使用UG NX8.0的加工功能生成各工序的刀具轨迹，仿真验证后生成特定格式的数控加工程序。

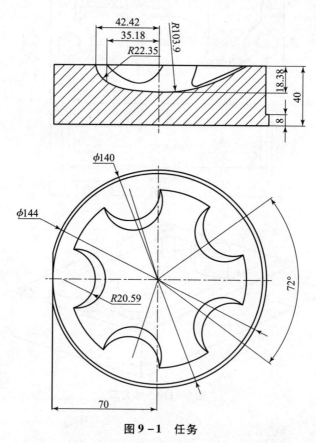

图9-1 任务

任务分析

该零件除了中间凹腔外，其他面都已加工完成。由于凹腔是曲面，其加工方法与上一学习单元的平面零件有所不同。对于曲面的加工，可以采用多轴（四轴或四轴以上）机床，但是多轴机床加工成本高，主要用于加工一些复杂的曲面，而一些企业受生产设备限制，对于简单曲面则不采用多轴机床加工,而是采用三轴加工中心。由于三轴加工中心的主轴方向固定,因此把这种加工方法称为固定轴铣削。固定轴铣削曲面零件,一般是采用立铣刀粗加工,球头铣刀半精加工和精加工。

相关知识

 ## 9.1 固定轴铣削加工

固定轴铣削的意思是指刀轴固定不动。三维固定轴铣削加工主要运用于腔体、型面以及自由曲面的三坐标联动加工,同时也可用于两轴、两轴半的加工。定轴铣主要包括型腔铣、轮廓铣以及清根加工等加工类型,这些类型还可以进一步细化,产生多种铣削方式。

型腔铣是指利用实体、曲面或者曲线来定义加工区域,主要用来加工带有斜度、曲面的轮廓外壁以及内腔壁,常用于粗加工。这种加工类型采用的是两轴联动的加工方式,因此其铣削是分层进行的,加工后表面呈台阶状。由于同一个加工表面其倾斜程度不同,为了使粗加工后余量均匀,在分层时每一层的厚度不能一成不变,应该根据加工表面的倾斜程度将之划分为若干个区域,每一区域定义不同的分层厚度,其原则是壁越陡,每一层深度越大。

轮廓铣是三坐标联动加工,常用于半精加工和精加工,主要用来加工自由曲面等。

 ## 9.2 简单固定轴铣削加工实例

下面通过一个简单的实例介绍如何创建固定轴铣削加工。

首先创建如图 9-2 所示的零件模型,然后再创建 150×150×75 的长方体作为毛坯,而且毛坯要与零件重合。如图 9-3 所示,可将毛坯设置为透明显示。

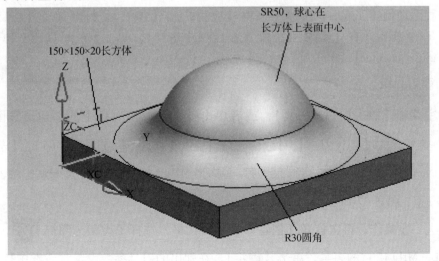

图 9-2 零件三维模型

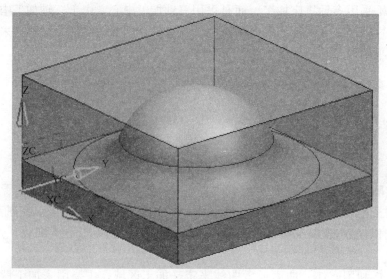

图 9-3 创建毛坯模型

在加工之前要进行零件加工工艺的设计,根据零件特征及毛坯形状,其加工工艺可按表 9-1 中的方案设计:

表 9-1 球形凸台零件的数控加工工艺

工序号	工序名称	工步内容	所用刀具	主轴转速 / (r·min^{-1})	进给速度 / (mm·min^{-1})
1	粗加工	粗加工,留余量 0.8mm	ϕ14 立铣刀	800	200
2	半精加工	半精铣曲面,留余量 0.3mm	ϕ12 球头铣刀	1500	150
3	精加工	精加工至尺寸	ϕ8 球头铣刀	3000	100

创建该零件的加工操作需要完成以下工作:

1. 加工前准备工作

零件和毛坯创建完成后,选择主菜单【应用】→【加工】,打开加工环境初始化对话框,如图 9-4 所示。在【CAM 会话配置】选项中选择【cam_general】,在【CAM 设置】中选择【mill_counter】,单击【初始化】按钮,进入加工环境。

2. 创建刀具组

选择主菜单【插入】→【刀具】,或者单击【插入】工具条上的创建刀具图标 ,弹出图 9-5 所示的【创建刀具】对话框,将【类型】换为【mill_counter】,【子类型】为图标 ,创建一把 ϕ14 的立铣刀,刀具名称为 MILL14,其刀具号及调整记录器编号均为 1,如图 9-6、图 9-7 所示。

重复上一步操作,再次打开【创建刀具】对话框,选择子类型为图标 ,创建名称为【BALL_MILL12】的刀具,单击【确定】,在弹出的刀具参数设置对话框中按图 9-8 所示设置刀具的直径,同时设置刀具号及调整记录器编号均为 2,单击【确定】按钮。

图 9-4 加工环境初始化

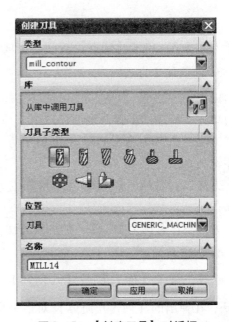

图 9-5 【创建刀具】对话框

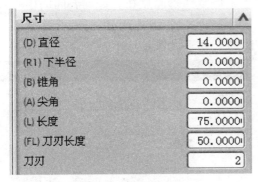

图 9-6 设置刀具直径

图 9-7 设置刀具号

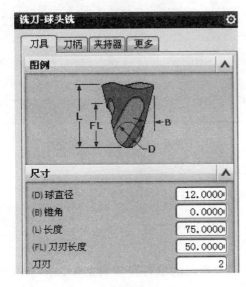

图 9-7 设置刀具参数

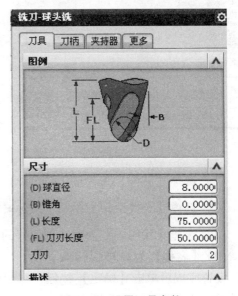

图 9-8 设置刀具参数

重复上一步的操作，设置名称为 BALL_ MILL8 的球头铣刀，直径为 8，刀具号与调整记录器均为 3，单击【确定】按钮，完成设置。

3. 创建加工方法

由该零件的加工工艺方案可知，在加工该零件时需要用到三种铣削加工方法，可按前面学习单元八所述的步骤分别创建以下三种铣削方法：

方法一：名称为 CJGFF（粗加工方法），余量为 0.8，进给速度为 200，用于第一道工序；

方法二：名称为 BJJGFF（半精加工方法），余量为 0.3，进给速度为 150，用于第二道工序；

方法三：名称为 JJGFF（精加工方法），余量为 0，进给速度为 100，用于第三道工序。

4. 创建几何体

选择主菜单【插入】→【几何体】，或者单击【插入】工具条上的创建几何体图标 ，在弹出的【创建几何体】对话框中按图 9-9 所示选择类型和子类型，输入名称为 ZBX，单击【确定】按钮，在弹出的对话框中设置工件坐标系原点在工件上表面的中心处，同时设置安全平面为工件上表面 10mm 处。

重复打开【创建几何体】对话框，按图 9-10 进行如下设置：

图 9-9 创建坐标系

图 9-10 创建毛坯和零件

（1）选择【类型】为【mill counter】（轮廓铣削）；

（2）选择【子类型】为第二个图标 【WORKPIECE】；

（3）选择【几何体】为刚才创建好的坐标系【ZBX】；

（4）【名称】为 GONGJIAN；

设置完成后单击【确定】按钮，弹出如图 9-11 所示的工件设置对话框，按学习单元八中的方法设置工件和毛坯。

图 9-11 【工件】对话框

5. 创建粗加工操作

选择主菜单【插入】→【操作】,或者单击【插入】工具条上的创建操作图标 ,弹出如图 9-12 所示的【创建工序】对话框,按图中所示设置参数:

图 9-12 【创建工序】对话框

(1) 选择【类型】为【mill counter】（轮廓铣削）；

(2)【子类型】为第一行第一个图标 【CAVITY_MILL】；

(3) 程序为【NC_PROGRAM】；

(4) 使用【刀具】为【MILL14】；

(5) 使用【几何体】为【GONGJIAN】；

(6) 使用方法为【CJGFF】；

(7) 名称为【CJG】；

设置完成后，单击【确定】按钮，将弹出如图 9 – 13 所示的【型腔铣】对话框，按图中所示选择切削方式和步距，并设置每一刀深度为 4mm。再选择该对话框中的【进给和速度】按钮，在弹出的对话框中设置机床转速为 800r/min，设置机床启动时开切削液。完成设置后，生成刀具轨迹，刀具轨迹如图 9 – 14 所示。

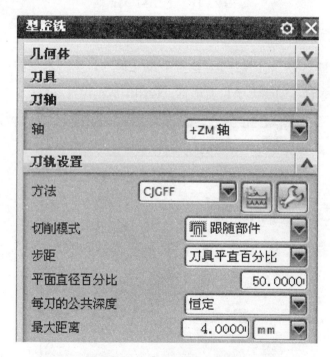

图 9 – 13 【型腔铣】对话框

6. 创建半精加工操作

选择创建操作命令，打开【创建工序】对话框，如图 9 – 15 所示，按图中设置相关的参数和操作名称，注意【子类型】选择第二行第一个图标 （FIXED_CONTOUR），单击【确定】按钮，打开如图 9 – 16 所示的【固定轮廓铣】对话框。在该对话框【驱动方法】下的【方法】选项中选择【区域铣削】，将弹出图 9 – 17 所示的边界【区域铣削驱动方法】对话框。按图中所示进行设置：将【切削模式】设置为同心圆单向；【步距】设置为刀具直径的 20%；【图样方向】设置为向外。

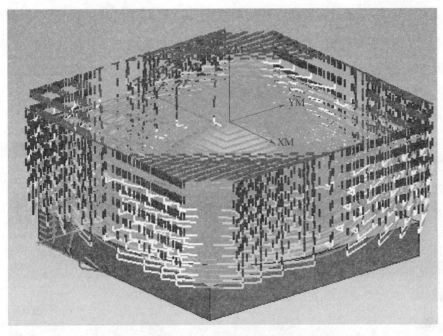

图 9-14　生成的刀具轨迹

图 9-15　【创建工序】对话框

设置完成后单击【确定】按钮，回到图 9－16 所示的【固定轮廓铣】对话框，在该对话框中单击【指定切削区域】按钮 ，弹出图 9－18 所示的【切削区域】对话框，用鼠标选取图 9－19 所示的各个面作为切削区域，单击【确定】按钮，退回到图 9－16 所示的【固定轮廓铣】对话框。

按前面所讲的方法设置主轴转速为 1 500r/min，生成的刀具轨迹如图 9－20 所示。

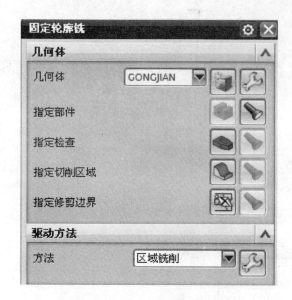

图 9－16　【固定轮廓铣】对话框

图 9－17　【区域铣削驱动方法】对话框

图 9－18　【切削区域】对话框

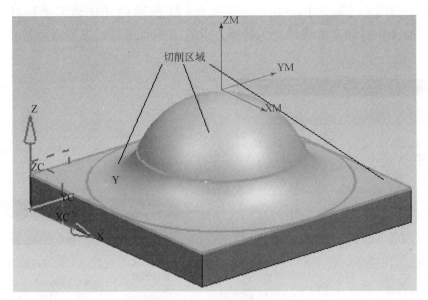

图 9-19 选择切削区域

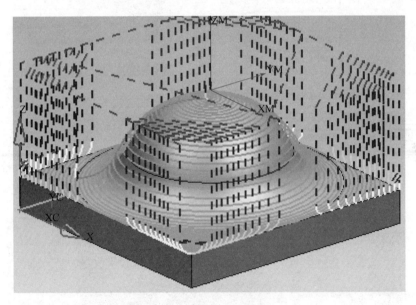

图 9-20 生成刀具轨迹

7. 创建精加工操作

选择创建操作命令，打开【创建操作】对话框，如图 9-21 所示，按图中设置相关的参数和操作名称，注意【子类型】选择第二行第一个图标 ![icon] （FIXED_CONTOUR），单击【确定】按钮，打开【固定轮廓铣】对话框。跟半精加工一样，在该对话框【驱动方法】下的【方法】选项中选择【区域铣削】，将弹出图 9-22 所示的边界【区域铣削驱动方法】对话框。按图中所示进行设置：将【切削模式】设置为跟随周边；【图样方向】设置为向外；【步距】设置为刀具直径的 15%；并将步距应用在部件上。

设置完成后单击【确定】按钮，回到图 9-21 所示的【创建工序】对话框，在其上用跟半精加工相同的方法选择加工区域，设置主轴转速后，生成刀具轨迹如图 9-23 所示。

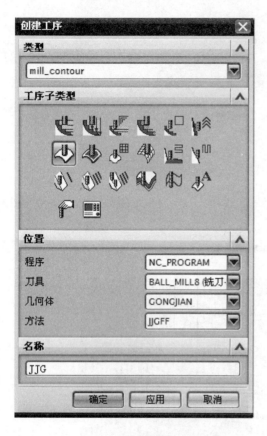

图 9-21 【创建工序】对话框

图 9-22 【区域铣削驱动方法】对话框

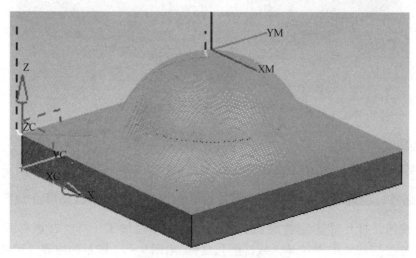

图 9-23 生成的刀具轨迹

任务实施

首先编制零件的数控加工工艺。其加工过程可按表9-2所示的工艺方案进行加工。

表9-2 圆盘零件的数控加工工艺

工序号	工序名称	工步内容	所用刀具	主轴转速 /（r·min^{-1}）	进给速度 /（mm·min^{-1}）
1	粗加工	粗加工，留余量0.8mm	φ12 立铣刀	800	200
2	半精加工	半精铣曲面，留余量0.3mm	φ8 球头铣刀	2000	150
3	精加工	精加工至尺寸	φ6 球头铣刀	4000	100
4	清根加工	清根	φ2 球头铣刀	6000	100

创建该零件的加工操作可按以下步骤进行：

第一步：加工前准备工作。

创建零件和毛坯的三维模型，注意除凹腔外，毛坯外形与零件一致，而且毛坯要与零件重合，如图9-24所示。零件和毛坯创建完成后，选择主菜单【应用】→【加工】，打开加工环境初始化对话框，如图9-4所示。在【CAM 会话配置】选项中选择【cam_ general】，在【CAM 设置】中选择【mill_ counter】，单击【初始化】按钮，进入加工环境。

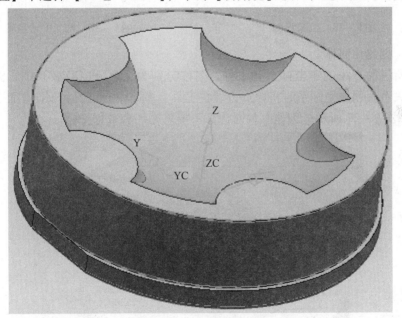

图9-24 圆盘零件和毛坯

第二步：创建刀具组。

按照前面所述的方法创建加工所需要的φ12 的立铣刀、φ8 的球头铣刀、φ6 的球头铣刀以及φ2 的球头铣刀，其刀具号分别编号为1、2、3、4。创建好以后的刀具在操作导航器中可以进行查询与编辑，如图9-25所示。

第三步：创建加工方法。

由该零件的加工工艺方案可知，在加工该零件时需要用到三种铣削加工方法，可按前面所述的步骤分别创建以下三种铣削方法：

方法一：名称为 CJGFF（粗加工），余量为 0.8，进给速度为 200，用于第一道工序；

方法二：名称为 BJJGFF（半精加工），余量为 0.3，进给速度为 150，用于第二道工序；

方法三：名称为 JJGFF（精加工），余量为 0，进给速度为 100，用于第三、第四道工序。

加工方法创建完成后可以在操作导航器中进行查询编辑，如图 9-26 所示。

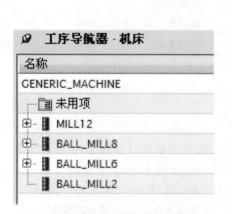

图 9-25 机床视图

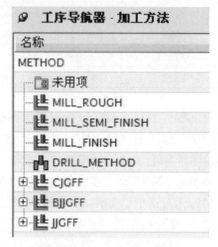

图 9-26 加工方法视图

第四步：创建几何体。

按前面所讲的方法创建坐标系和工件，名称分别为 ZBX 和 GONGJIAN，注意正确设置二者的节点关系。创建坐标系时将原点设置在工具上表面中心位置，安全平面比工件上表面高 10mm，如图 9-27 所示。创建工件时注意不要将毛坯和部件选错。

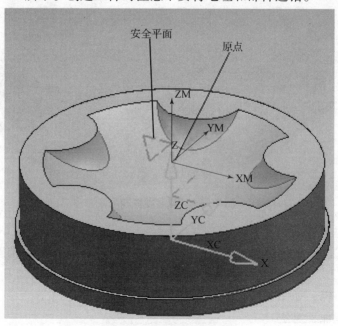

图 9-27 创建坐标系

在导航器中看到的坐标系和工件如图9-28所示。

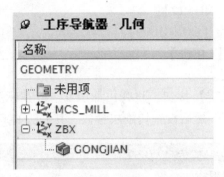

图9-28 坐标系和工件

第五步：创建粗加工操作。

选择主菜单【插入】→【操作】，或者单击【加工生成】工具条上的图标 ，弹出如图9-29所示的【创建工序】对话框，按图中所示设置参数：

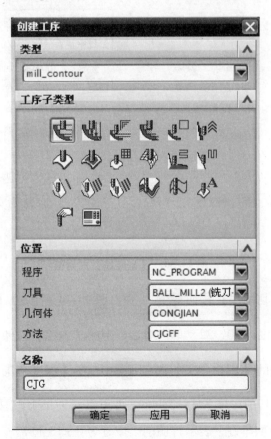

图9-29 【创建工序】对话框

(1) 选择【类型】为【mill counter】（轮廓铣削）；
(2) 选择【子类型】为第一行第一个图标 【CAVITY_MILL】；

(3) 选择【程序】为【NC_PROGRAM】；
(4) 使用【刀具】为【MILL12】；
(5) 使用【几何体】为【GONGJIAN】；
(6) 使用【方法】为【CJGFF】；
(7)【名称】为【CJG】。

设置完成后，单击【确定】按钮，将弹出如图 9-30 所示的【型腔铣】对话框，按图中所示选择切削方式和步距，然后设置切削层参数。其方法如下：

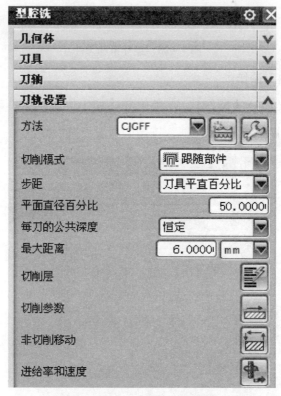

图 9-30 【型腔铣】对话框

单击对话框中的【切削层】按钮，弹出图 9-31 所示的【切削层】对话框，在此对话框中默认的深度范围为 40，32，单击对话框上的【删除】按钮，将这两个深度删除。然后单击对话框上的【用户定义】按钮，在【深度范围】文本框内输入 18.38，敲回车键，表示设置的切削深度为 18.38mm。再单击对话框上的【插入范围】按钮，在文本框中输入 13，敲回车键，表示将切削区域分为 0~13 和 13~18.38 两个区域。

再单击对话框上的向上按钮，当滑动条位于 13 位置时，在【局部每刀深度】处输入 2.5，并敲回车键，表示 0~13 区域每层 2.5mm；当滑动条位于 18.38 位置时，在【局部每刀深度】处输入 1.5，敲回车键，设置 13~18.38 区域每层 1.5mm。

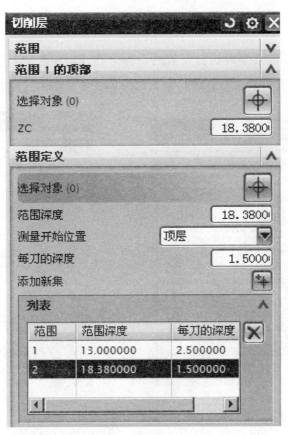

图 9 – 31 【切削层】对话框

设置完成后可以将零件用线框显示，并转换到主视图，可以看到所设置的切削层深度，如图 9 – 32 所示。

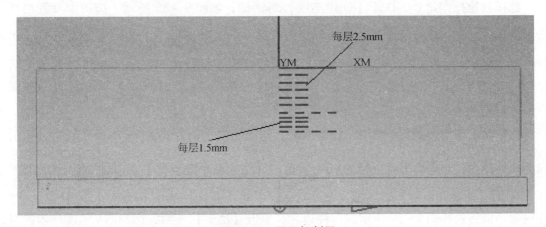

图 9 – 32 显示切削层

设置进刀/退刀参数

单击图 9 – 30 所示的【型腔铣】设置对话框中的【非切削移动】按钮，弹出图 9 – 33 所示的【非切削移动】对话框，按图中所示进行设置，单击【确定】按钮，完成设置。

设置切削参数

单击图9-30所示的【型腔铣】设置对话框中的【切削参数】按钮，弹出图9-34所示的【切削参数】对话框，将其切削方向改为逆铣，单击【确定】按钮，完成设置。

图9-33 【非切削移动】对话框   图9-34 【切削参数】对话框

按前面所讲的方法设置主轴转速为800r/min，并设置程序启动时开切削液，最后生成刀轨。

第六步：创建半精加工操作。

选择创建操作命令，打开【创建工序】对话框，如图9-35所示，按图中设置相关的参数和操作名称，注意【子类型】选择第二行第一个图标 （FIXED CONTOUR），单击【确定】按钮，打开如图9-36所示的【固定轮廓铣】对话框，单击图9-36所示的对话框上的【驱动方式】下的下拉菜单，选择其中的【边界】，将弹出图9-37所示的【边界驱动方法】对话框。

在该对话框中按图9-37所示设置参数，选择图样切削方式为 跟随周边，切削方向为从外向内，步进为刀具直径的20%。单击【指定驱动几何体】按钮 ，弹出图9-38所示的【边界几何体】对话框。在该对话框中的【模式】选项下选择【曲线/边】，弹出相应对话框后选择图9-39所示的零件边界，单击【确定】按钮，回到图9-38所示的对话框，再单击【确定】按钮，回到9-37所示的对话框，再单击【确定】按钮，回到9-36所示的对话框。

在图9-36所示对话框中，设置主轴转速为2000r/min，设置机床启动时打开切削液，生成刀具轨迹如图9-40所示。验证后单击【确定】按钮，完成本工序的操作设置。

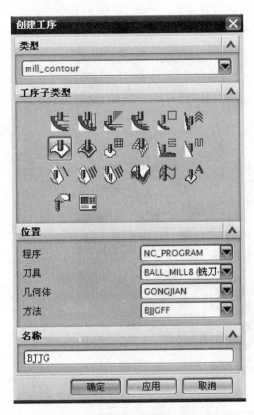

图 9-35 【创建工序】对话框

图 9-36 【固定轮廓铣】对话框

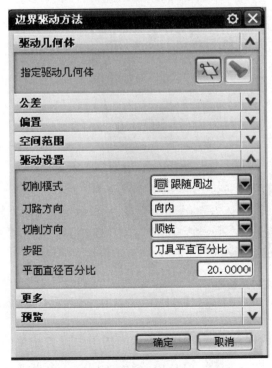

图 9-37 【边界驱动方法】对话框

图 9-38 【边界几何体】对话框

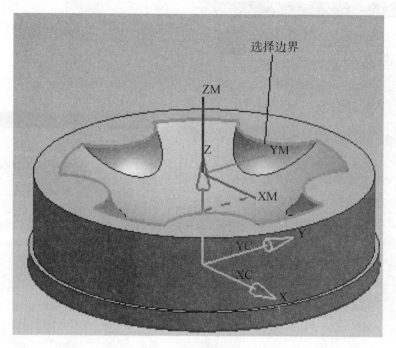

图 9-39 选择边界

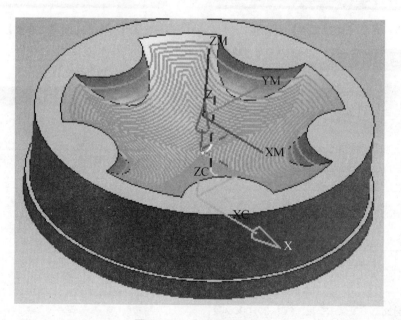

图 9-40 生成刀具轨迹

第七步：创建精加工操作。

选择创建操作命令，打开【创建工序】对话框，如图 9-41 所示，按图中设置相关的参数和操作名称，【子类型】选择第二行第一个图标 ![icon] （FIXED CONTOUR），单击【确定】按钮，打开如图 9-42 所示的【固定轮廓铣】对话框。

在图 9-42 所示的对话框上的【驱动方式】中选择【区域铣削】，弹出图 9-43 所示的【区域铣削驱动方法】对话框。在该对话框上按图示进行设置：选择图样切削方式为 跟随周边；切削方向为从外向内；步距为刀具直径的 15%，特别注意【步距应用在】选项中选择【部件上】，以保证刀轨的均匀。设置完成后单击【确定】按钮，回到图 9-42 所示的对话框。

图 9-41 【创建工序】对话框

图 9-42 【固定轮廓铣】对话框

展开图 9-42 所示的对话框上的【几何体】选项，弹出如图 9-44 所示的【固定轮廓铣】对话框。单击【指定切削区域】按钮，弹出图 9-45 所示的【切削区域】对话框。用鼠标选择 9-46 所示的实体表面作为切削区域，单击【确定】按钮，回到图 9-44 所示对话框。

设置主轴转速为 4000r/min，设置机床启动时打开切削液，生成刀具轨迹如图 9-47 所示。验证后单击【确定】按钮，完成本工序是操作设置。

第八步：创建清根加工操作。

图 9-43 【区域铣削驱动方法】对话框

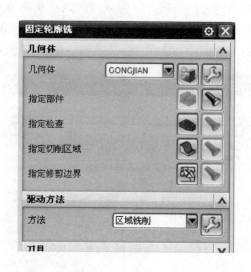

图 9-44 【固定轮廓铣】对话框

图 9-45 【切削区域】对话框

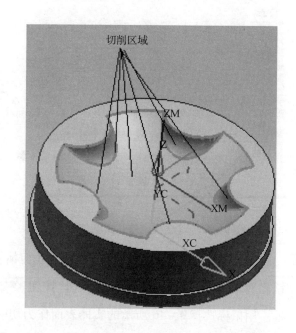

图 9-46 选择零件表面

选择创建操作命令,打开【创建工序】对话框,如图 9-48 所示,按图中设置相关的参数和操作名称,【子类型】选择第二行第一个图标 (FIXED CONTOUR),单击【确定】按钮,打开如图 9-49 所示的【固定轮廓铣】对话框。

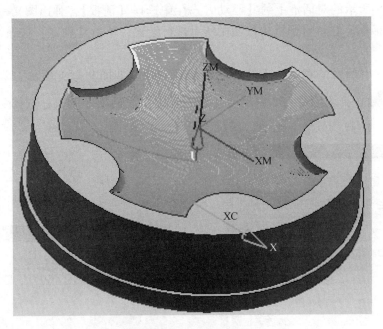

图 9-47　生成刀具轨迹

图 9-48　【创建工序】对话框

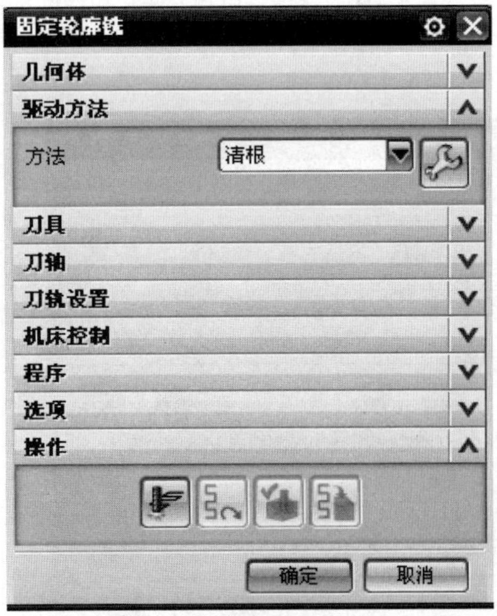

图 9-49　【固定轮廓铣】对话框

在图9-49所示的对话框上的【驱动方式】中选择【清根】,弹出图9-50所示【清根驱动方法】对话框。在该对话框中按图中所示进行设置,单击【确定】按钮,回到图9-49所示的对话框。

展开图9-49所示的对话框上的【几何体】选项,如图9-51所示。单击【指定切削区域】按钮,弹出图9-52所示的【切削区域】对话框。用鼠标选择9-53所示的实体表面作为切削区域,单击【确定】按钮,回到图9-51所示对话框。

图9-50 【清根驱动方法】对话框

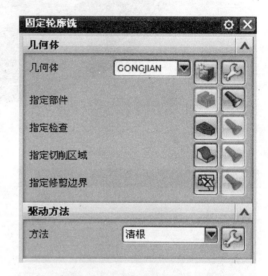

图9-51 【固定轮廓铣】对话框

图9-52 【切削区域】对话框

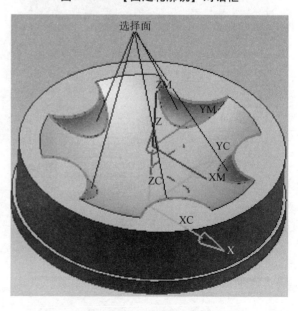

图9-53 选择加工面

在该对话框中设置主轴转速为6000r/min,设置机床启动时打开切削液,生成刀具轨迹如图9-54所示。验证后单击【确定】按钮,完成本工序的操作设置。

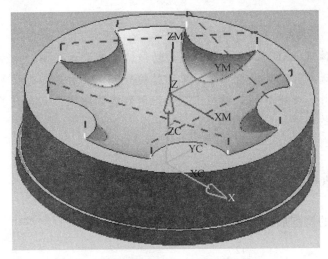

图9-54 生成刀轨

至此,该零件的加工操作全部完成,图9-55所示为动画仿真结果,确认刀具轨迹合理后生成数控加工程序。

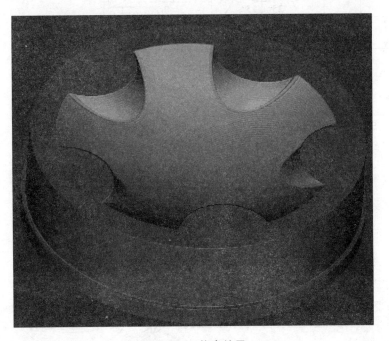

图9-55 仿真结果

本学习单元主要学习固定轴曲面零件的铣削加工。重点掌握创建加工固定轴铣削加工操作的一般步骤。学习过程中要注意曲面零件和平面零件加工的工艺区别,掌握曲面零件加工

中常用刀具的选用方法。本学习单元的知识在生产实际中应用非常广泛，绝大部分的简单曲面都采用固定轴轮廓铣削，因此需要同学们认真掌握。在学习过程中注意总结。

曲面加工最能体现 CAD/CAM 软件的强大功能，在实际生产中，曲面零件编程人员一直以来都是企业最缺乏的，因此学好本学习单元是提升就业能力的基础和关键。学习过程中除了要学会软件操作外，更重要的是要将工艺知识用到编程中来，只有有了合理的工艺，才能编制出高效、合理的程序。

思考与练习

完成下列零件的铣削加工程序编制（见图 9 - 56）。

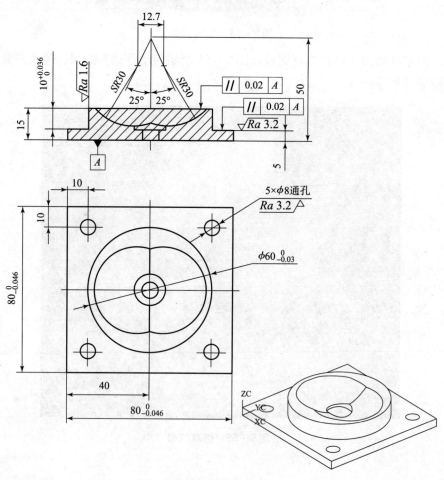

图 9 - 56　练习一

参考文献

[1] 赵松涛. UG NX 实训教程[M]. 北京：北京理工大学出版社，2008.
[2] 付红伟，等. UG 数控加工基础教程（NX6 版）[M]. 北京：清华大学出版社，2009.
[3] 展迪优. UG NX5.0 数控加工教程[M]. 北京：机械工业出版社，2009.
[4] 袁飞. UG NX6.0 曲面设计实例精选教程[M]. 北京：机械工业出版社，2011.
[5] 陈乃峰. UG NX8.0 数控加工案例教程[M]. 北京：机械工业出版社，2012.